Richard W. Bulliet

The Camel and the Wheel

骆驼与轮子

[美] 理查德·W. 布利特 著

于子轩 戴沨 等译

罗新 校

北京大学出版社
PEKING UNIVERSITY PRESS

著作权合同登记号 图字：01-2021-5156

图书在版编目（CIP）数据

骆驼与轮子 /（美）理查德·W. 布利特著；于子轩等译. —北京：北京大学出版社，2022.9
（世界史图书馆）
ISBN 978-7-301-33278-8

Ⅰ.①骆… Ⅱ.①理… ②于… Ⅲ.①骆驼－历史－研究－世界 Ⅳ.① S824-091

中国版本图书馆 CIP 数据核字（2022）第 153288 号

THE CAMEL AND THE WHEEL by Richard Bulliet
Morningside Edition with New Preface
Copyright © 1990 by Columbia University Press
Chinese Simplified translation copyright © 2022
by Peking University Press
Published by arrangement with Columbia University Press
through Bardon-Chinese Media Agency
博達著作權代理有限公司
ALL RIGHTS RESERVED

书　　　名	骆驼与轮子 LUOTUO YU LUNZI
著作责任者	[美] 理查德·W. 布利特（Richard W. Bulliet）著　于子轩 等译
责 任 编 辑	修　毅　李学宜
标 准 书 号	ISBN 978-7-301-33278-8
出 版 发 行	北京大学出版社
地　　　址	北京市海淀区成府路 205 号　100871
网　　　址	http://www.pup.cn　新浪微博：@ 北京大学出版社
电 子 信 箱	pkuwsz@126.com
电　　　话	邮购部 010-62752015　发行部 010-62750672 编辑部 010-62752025
印 刷 者	三河市北燕印装有限公司
经 销 者	新华书店
	880 毫米×1230 毫米　A5　9.75 印张　176 千字 2022 年 9 月第 1 版　2022 年 9 月第 1 次印刷
定　　　价	66.00 元

目　录

中文版序言

五十年前当我着手骆驼与运输史研究时，我很快发现，在创制骆驼形象方面，中国艺术家远远超越了世界上其他所有人。最主要的是唐代陶塑，不过有些绘画也同样令人印象深刻，如张择端的《清明上河图》。我也发现，由两匹马或四匹马牵引的马车，在被广泛用于军事或行政长达数世纪之后，到了汉朝末年，多为由单一动物牵引的小型二轮车所取代。而且，在主要农业区内，挽用单一动物的犁耕成为常态。

此书出版时，和其他学者一样，我认为中国艺术品反映了内亚对中国文化与经济发展的重大影响。可是，当中国以西几乎所有地方牵引动物都仍在成对使用时，中国对单一动物的挽用就显得很不寻常。不管怎么说，如果单一动物可以有效地完成成对动物的工作，那就显得西方似乎是好几千年都停滞在一种无效率技术中。

2016 年我出版《轮子：发明与再发明》（*The Wheel: Inventions and Reinventions*，Columbia University Press）时，我对中国运输史的研究虽颇有进展，却仍未能解答我所称的"双牛之谜"，因为这个谜点又引出一些新问题。譬如，为什么在欧洲司空见惯的四轮大车在中国几乎不为人知，直到近代才出现？

随着对运输史的继续探索，我越来越意识到中国在历史上扮演了独特的角色，且我们对其研究得很不够。因而，得知此书要出中文译本，我非常高兴。我也期待中国历史学家能大显身手，更深入、更细致地呈现东亚使用动物的演进史。

晨兴版（Morningside Edition）序言

回想当初我起意写这本书，彼时即将退休的哈佛大学中东研究中心副主任洛卡德（D. W. Lockard）出于爱护劝诫我，写关于骆驼的书会毁掉我的事业。幸运的是，这个预言没有成真。但它反映了中东研究当时居于主流、至今仍然盛行的看法。当然不是说这个领域是反骆驼的，但过于不寻常或标新立异的学术在这里会备受排抑。

面世十五年来，《骆驼与轮子》一书受到其他学科许多学者的赞誉，但在中东史研究这个领域却影响甚微。相对于宗教、哲学、文学等传统关注点，技术和经济之类的主题一直处于中东史研究的边缘。尽管某些方面已经有了不少令人鼓舞的开创性尝试，但伊斯兰时代的中东技术史很大程度上仍有待探索。

本书的许多想法和讨论已被证实对其他领域的学者颇有启
发，包括生物学家斯蒂芬·杰依·古尔德（Stephen Jay Gould）[1]、世界历史学家威廉·H. 麦克尼尔（William H. McNeill）[2]、计算机专栏作家埃里克·桑德伯格－迪芒（Erik Sandberg-Diment）[3]。乔治·A. 西奥多尔逊（George A. Theodorson）在《城市模

式：人类生态研究》(*Urban Patterns: Studies in Human Ecology*, University Park, Penn.: Pennsylvania State University Press, 1982) 一书修订版第 394—397 页，引用了本书处理城市设计与运输系统关系的第 224—228 页（原书页码，即本书边码，下同）。种种赞誉中，最令人欣喜的标志是本书荣获技术史研究会颁发的德克斯特奖（Dexter Prize）。

　　本书出版以来，尽管我的研究方向有了很多变化，但我仍继续探索本书提出的若干话题，发表的唯一成果是一篇文章，题为《波特尔人与贝拉尼人：关于柏柏尔人历史的假说》（"Botr et Beranès: Hypothèses sur l'Histoire des Berbères", in *Annales: Économies, Sociétés, Civilisations* [January-February 1981], pp. 104-116）。这篇文章推进了本书第五章对罗马北非的犁和驮畜挽具的讨论。中世纪柏柏尔部落分化为波特尔人（Butr）与贝拉尼人（Baranis），相关事实众所周知，但学界的理解还远远不够。我认为，与骆驼使用及挽具技术相关的证据，可能对理解这一分化十分重要。根据我的假说，波特尔人的起源与罗马的农业有关，他们习惯于使用骆驼犁耕。相反，贝拉尼人来自山区，隔绝于罗马的农业和骆驼使用模式之外。我在文章里指出，这种对应转而启发我们理解更广阔的早期伊斯兰北非的历史。

　　我进一步探索的另一领域，是以本书第七章为起点的，关注中亚、印度和希腊－罗马世界轮式运输与骆驼的使用。中心

议题是，驾车挽具的设计何时、何以合理化，并得以在不同地
理区与驮运骆驼展开竞争。尽管希腊－罗马世界物质文化水平
很高，但原始的挽具设计得以维持，这最终导致了骆驼驾车的　　　ix
消失，因为它妨碍了高效的四轮马车的发展。

　　相反，印度在中古时期从中亚引进了更高级的挽具设计并
应用于骆驼，却维持了一种由骆驼车、牛车和驮运骆驼构成的
混合运输经济。或许，马匹的相对短缺导致不能大规模转向使
用高效马车，当然印度运输技术史还有待进一步研究。

　　中亚既是战车的故乡，又是淘汰战车的骑兵的发源地。那
里的各人群也发生了向单一动物驱动车辆的转向，至今还在使
用骆驼车。中东、欧洲、非洲这些学习了战车使用地区的统治
者，最终追随中亚，将其军队从战车型改为骑兵型，但这种转
型导致了轮式运输的式微，因为高效的马挽车辆技术不为人所
知。令人感到好奇的是，马镫这种使重装骑兵成为可能的重要
发明，刚在阿富汗北部出现不久就传到了欧洲，然而，起源于
同一地区又同样重要的发明，即单一动物用胸带牵引车辆的技
术，却没有传播到欧洲。

　　这种对新技术的选择性接纳，其原因我认为是基于宗教信
仰的思维模式，即西部印欧语各人群以及在军事上受其影响的
其他人群的思维模式。我认为，他们把成对牵引的战车和华丽
的马车视为众神战车在人间的镜像。无论其战场实效究竟如

何（颇为可疑），两匹或四匹马所牵引的战车是印欧语人群武士阶层的地位象征。他们通过这样骑乘来效仿天上的诸神，而出于效率的考虑转向单一动物驾车的想法实质上是渎神的。我认为，中亚之所以更容易实现转向骑兵和高效的单一动物驾车，是由于原始的印欧语人群世界观的衰落，而这一衰落则是因为突厥－蒙古语人群日趋强大，他们是历史上最杰出的骑手。

希望将来我能仔细论述这一话题，但我感觉值得先在此把核心想法简要说明，或可帮助我们理解罗马和其他文明社会在此展现出的呆板和迟钝，它们没有认真对待并逐渐接受高效的马匹挽车技术。这也能帮助我们解释，第七章所述现代挽具在罗马帝国的突尼斯与利比亚的发明，何以未能产生更大的经济和技术影响。

别的学者在所写的书评或文章里，对本书某些主要论点，有阐发，有限定，也有质疑。我自己也接触到更多可用来支持本书论点的资料。不过，总的来看，回应批评或加强论证的必要，还没有大到出一个修订版的程度。在此我仅对局部文本所涉问题稍作评论，以待勤勉的读者加以整合。

对本书一个主要假说最重要的挑战，来自我的同事罗杰·S. 巴格纳尔（Roger S. Bagnall）。在《晚期罗马埃及的骆驼、四轮车与驴》（"The Camel, the Wagon, and the Donkey in Later Roman Egypt," *Bulletin of the American Society of Papyrologists*, 22 [1985],

1-6）这篇文章中，他赞成我的论点"埃及在前罗马时代就有骆驼"，但他用纸草学证据证明四轮车迟至公元 7 世纪还在使用。这与我基于极为有限的证据所做出的猜想刚好矛盾，我认为四轮车在埃及与在东方一样消失于公元 4—6 世纪。巴格纳尔还证明埃及大量使用骆驼，他还正确地指出，任何对埃及整个陆路运输体系的研究都应考虑驴的作用。

巴格纳尔的材料是无可争议的，他认为骆驼和牛车之间在埃及的直接竞争可能并不重要，至少被阿拉伯征服以前是如此。这一观点颇具启发。然而，他也指出关键一点，即陆上交通在埃及从来就不太重要，因为埃及几乎所有可居住的部分与尼罗河的距离都在约 1 英里以内。埃及的运输系统主要靠水运，这比任何形式的陆上运输都便宜。因此，骆驼和四轮车的长期共存或许只是其在经济中的边缘地位的结果，并没有其他原因。

巴格纳尔同意，四轮车最终在埃及消失了。或许对这一反常现象的解释不应是更地方化的经济和技术原因，而应当是埃及融入了西亚的无轮社会，这是公元 7 世纪以降埃及并入无轮的阿拉伯帝国的结果。

对伊斯兰中东运输史最值得关注的新贡献，是苏莱娅·法洛奇（Suraiya Faroqhi）的文章《骆驼、四轮车与 16、17 世纪的奥斯曼帝国》（"Camels, Wagons, and the Ottoman State in the Sixteenth and Seventeenth Centuries," *International Journal of Middle East Studies*, 14 [1982], pp. 523-539)。她在奥斯曼档案中发现的材料，大大丰富但未能根本改变我在第 231—235 页提出的对安纳托利亚运输体系的理解。

伊尔泽·科勒（Ilse Köhler）的学位论文《论骆驼的驯化》（"Zur Domestikation des Kamels"）[4]，再次探讨了骆驼驯化起源的问题，结论大体与我自己的结论相符，但其重点在于论证单峰驼驯化的起源地在阿拉伯半岛的东南角。

保拉·瓦普尼什（Paula Wapnish）报告了西奈半岛加沙附近一个年代为公元前 14—前 13 世纪的遗址所出土的骆驼骨骼，该骨骼可能属于被驯化的动物。[5]这似乎支持了我的意见（第 235—236 页、自 258 页以下），即骆驼在公元前 12 世纪以前的新月沃地就被至少是偶尔地使用。

克里斯托弗·J. 布鲁纳（Christopher J. Brunner）慷慨地提示我，公元 3—4 世纪中亚花剌子模某些君主的王冠上有双峰驼图案。[6]这一信息与我对丝绸之路骆驼的讨论（第 168 页以下）有关。

多种来源的图像证据支持本书的另一些观点。这些图像包括公元 1—3 世纪约旦南部的一块刻有赛法语（Safaitic）的岩刻[7]，描绘一位坐在北阿拉伯式鞍具上的骑手，进一步证实了我对北阿拉伯式鞍具年代的判断（第 90 页以下）；约旦北部的一块绘有一峰双峰驼的岩刻[8]，证实了帕提亚时代叙利亚沙漠周围双峰

驼的偶尔使用（第 164—167 页）；一尊表现单峰驼与双峰驼的
杂交品种的唐代小雕像[9]，表明丝绸之路两端都会杂交骆驼（第
164 页以下）。

最后，1975 年以后骆驼研究又增加了许多重要的参考文献。
其中一些尤其补充了本书的论证：其一是布鲁诺·坎帕尼奥尼
(Bruno Campagnoni) 与毛里齐奥·托西 (Maurizio Tosi) 合撰
的《骆驼》（"The Camel," in Richard H. Meadow and Melinda A.
Zeder, *Approaches to Faunal Analysis in the Middle East* [Cambridge:
Peabody Museum Bulletin no. 2, Harvard University], pp. 91-103），
该文首次刊布了本书第七章注释 13 所引材料；其二是库兹米
纳 (Ye. Ye. Kuz'mina)《中亚有轮交通的发展阶段》（"Stages in
the Evolution of Wheeled Transportation in Central Asia"［俄 文］,
Vestnik drevnei istorii, 154 [1980], pp. 11-35）[10]，该文讨论了中亚
早期骆驼车的使用。

哈萨克斯坦研究协会于 1929 年在阿拉木图出版的两部
俄文著作，是非常有用的早期作品，包括科尔帕科夫 (V. N.
Kolpakov)《生物学材料与骆驼文化》（*Matériaux de biologie et
culture des chameaux*），以及博格鲁布斯基 (S. N. Bogolubsky)《骆
驼起源考》（*Essai sur la provenance des chameaux*）。[11] 前者是关
于哈萨克斯坦骆驼饲养和使用的权威而详尽的著作，可以补充
本书第六章和第七章展现的中亚骆驼使用图景。后者很大程度

上与骆驼齿系（dentition）有关，配得上收入骆驼驯化起源研究的参考书目。

　　生物学和畜牧业领域有关骆驼的学术普遍繁荣，涌现出了三部重要著作：希尔德·高蒂尔－皮尔特斯（Hilde Gauthier-Pilters）和安妮·林尼斯·达格（Anne lnns Dagg）合撰的《骆驼：进化、生态、行为及与人类的关系》(*The Camel: Its Evolution, Ecology, Behavior, and Relationship to Man* [Chicago: University of Chicago Press, 1981]）；R.T. 威尔逊（R. T. Wilson）的《骆驼》(*The Camel*, Harlaw, Essex: Longman Group, 1984）；鲁文·亚基尔（Reuven Yagil）的《沙漠骆驼：生理适应比较研究》(*The Desert Camel: Comparative Physiological Adaptation*, New York: S. Karger, 1985）。最后，大马士革的阿拉伯贫瘠干旱地区研究中心(ASCAD)自 1984 年起出版《骆驼通讯》（英文：*Camel Newsletter*，阿拉伯文：*Al-Ibil*），刊发关于骆驼的重要新书的书评、短篇文章、骆驼问题研讨会和大会的通告，还附有骆驼研究文献非常棒的更新。《骆驼通讯》的主要语言是英语，部分文章译成阿拉伯语和法语。

注释

　　1.参见Stephen Jay Gould, "Kingdom Without Wheels," *Natural History*,

90/3 (March 1984), pp. 42-48。

2.参见William H. McNeill, "The Eccentricity of Wheels, or Eurasian Transportation in Historical Perspective," *The American Historical Review* (December 1987), pp. 1111-1126。

3.参见Erik Sandberg-Diment, "Of Camels and Caliphates, Mindsets and Computer Technology," *Infoworld*, January 5, 1987, p. 35。

4.Ilse Köhler, "Zur Domestikation des Kamels," Inaugural-Dissertation zur Erlangen des Grades eines Doctor Medicinae Vterinanae durch die Tierärtzliche Hochschule Hannover, 1981.

5.Paula Wapnish, "Camel Caravans and Camel Patoralists at Tell Jemmeh," paper presented at the annual conference of the American Anthropological Assiciation, 1980.

6.参见B. I. Vainberg, *Monety drevnogo Khorezma* (Moscow, 1977), pp. 23-28。

7.参见 "Nuqush jadida min junub al-Urdunn," *Newsletter of the Institute of Archaeology and Anthropology, Yarmouk University*, no. 5 (Irbid, Jordan, 1988), p. 7（阿拉伯文部分）。Martha Mundy教授使我了解到George Mendenhall、Zaidun Munhaidin、Rifat Haziem对可能的刻写时间的分析。

8.参见F. Winnet and L. Harding, *Inscriptions from Fifty Safaitic Cairns*, Near and Middle East Series (Toronto: University of Toroto Press, 1978), p. 670, #476-477。

9.这尊小雕像据说藏于中国乌鲁木齐的一家博物馆中，但对此我无法证实。我手头的是我的同事Klaus Herdeg寄给我的明信片上的图片。 xiv

10.我要感谢我之前的学生Uli Schamiloglu，他让我注意到了这篇文章。

11.非常感谢David Bauer，他节译了科尔帕科夫的著作。

致　谢

　　对本书写作中所受帮助的致谢，不知道该从哪里说起、说到哪里为止。一方面，从某种程度上说写作本书是一项孤独的任务，有人说我有时近乎痴迷。那些容忍我、哈欠连天、上眼皮贴下眼皮却听我数小时长篇大论的人，值得我由衷地感谢。在此我一定要列举其中最重要的人：我的妻子露西（Lucy）、雷拉·法瓦兹（Leila Fawaz）女士、我的父母，还有我 1970 年第一次主持的有关这一话题的研讨课上的 10 位哈佛大学新生。另一方面，我在许多具体问题上得到了数十人的帮助，无疑其中一些人提供帮助却并不自知。我在相关注释中已经感谢了其中许多人，但在此我愿致谢这些人特别有价值的答问：英格兰亨莱镇（Henley）的理查德·特恩布尔（Richard Turnbull）爵士；伊利诺伊州基瓦尼（Kewanee）的乔治·肯德尔（George Kendle）先生；突尼斯托泽尔（Tozeur）的一位年轻人，他回答

或找人回答了我所有关于车和骆驼的问题。学术方面，我特别受益于这些人的建议：A. 莱奥·奥本海姆（A. Leo Oppenheim）教授、费耐生（Richard N. Frye）教授、约翰·埃莫森（John

Emerson）教授、普莱姆·辛格（Prem Singh）博士、托马斯·斯托弗（Thomas Stauffer）博士、A. 伯纳德·纳普（A. Bernard Knapp）先生，还有我的妻子露西。对本书所用图像的标注集中见于专页，但我对来自这些人极其有用的回应感到高兴：威福瑞·塞西格（Wilfred Thesiger）先生、约翰内斯·尼古拉森（Johannes Nicolaisen）教授、迈克尔·博宁（Michael Bonine）教授，以及突尼斯苏塞（Sousse）博物馆馆长本·阿赫迈德·阿布戴尔·哈迪（Ben Ahmed Abdel Hadi）先生。最后，我要表达对芭芭拉·汉森（Barbara Henson）女士的无尽感激，她帮我打印了文稿。

自　辩

　　我相信任何读这本书的人都会接触到关于骆驼的一大堆知识，也会接触到一些关乎许多历史问题的新见解，上起公元前3000年，下迄今日。这些新见解中，有些纯属推测，另一些颇有证据支持。合起来，它们对骆驼在人类历史上所起的作用提供了一个合理的描述，以解释骆驼的使用为什么对人类历史，尤其是中东和北非的历史产生了深刻的影响，这种影响清晰地标识出这些地区自公元三四世纪至现代的文化。在这些问题上，我相信读者即使不完全满意，至少也不会失望。但写作本书不仅仅是为了记录人与骆驼的关系。本书深深涉及我个人对这一主题的态度，我相信其中的纠葛值得阐明，或许能给予读者额外的视角来审辨本书所提供的信息与看法。

　　如今，人类历史上第一次，这么多拥有数以百万计人口的人类社会，日常生活中不再有与其他动物亲密的、有意识的接触。美国超过70%的人口居住于城市，他们接触的动物仅限于家庭宠物、包装肉和寄生虫。仅仅半个世纪以前，同样那些城市中的居民们，能随时感受拉车马匹的存在，并且认为动物为人类生活提供能量乃是天经地义之事。同样重要的是，那时占更大比例的人口生活在农村，每天都会接触农场动物。

过去半个世纪左右，不只发生在美国，也发生在其他工业化国家的人类与其他动物关系的变化，怎么说都不算夸大，但因为属于所谓"现代化"大变革的一个部分，它不大被单列出来讨论。然而，只要我们确认这一特定变化，就能够观察到它对于人类看待动物态度的影响。特别是我们可以观察到一些现象，例如人与宠物关系的强化、对狩猎的仇恨和对素食主义兴趣的复兴。简而言之，对动物的人本主义观正逐渐取代对动物的兽性主义观(animalistic view)，后者不久以前还占据主导地位。

然而，随着对待动物的情感态度发生变化，智识态度(intellectual attitude) 也发生了变化。动物行为研究已作为一个学科出现，在科学和公众层面都吸引了强烈的兴趣，这在历史上第一次成为可能。尽管与家畜紧密接触的减少对新态度的出现至为关键，驯化动物本身还没有被纳入研究视野。自然，我们依然在接触肉用家畜，但要隔着塑料薄膜，而挽畜早已成为历史。1973 年康涅狄格州一个马肉屠夫因马肉需求量巨大而在电视上接受采访，这个事实显示过去对马的多愁善感的依恋已显著下降了。类似的对马肉飞速增加的公众宣传在更早的 20 年前几乎不可想象，那时大多数买肉的人对役马仍有非常个人的见闻记忆。

我对骆驼的研究，部分归因于我对当今社会人与动物之间距离的思考。我不喜欢骆驼，我并没有在骆驼群里长大，我甚至从未跟一头骆驼特别亲近。在突尼斯一次 45 分钟的骑乘经历，足以让我知道生手骑多久就会受不了。简而言之，我是对骆驼作为一种历史现象，作为一种被驯化、被许多不同人群用多种方式利用、目前在世界经济中的重要性逐渐降低的动物感兴趣。使用骆驼作为劳力——我自始至终都会强调骆驼历史的这一方面——在许多养骆驼的国家已成古昔，在大多数养骆驼的国家最终都将如此。因此，这一动物历史的这一方面，从本质上说已经完结，可视为大剧已终，因而为我们从整体上获得更清晰的认识提供了可能。

贯穿骆驼历史的两大基本主题，一是作为负重手段的驮运骆驼与轮式运输之间的竞争或并存关系，二是通常为游牧人的专门养育骆驼的人群与使用骆驼作为劳力但不养育骆驼的人群之间的互动关系。这两个主题可以分别打上经济史和历史人类学的标签，但本书并不特别采纳经济学家或人类学家的关注点。实际上本书的讨论风格更接近所谓的技术史，因为不同年代、不同地域使用骆驼的不同方式的主要标志，是利用动物能量的装备类型。但我写作技术史的意图并不比写作经济史或历史人类学的想法来得更多。

4 　　我的真正意图是，尽可能完整而简练地展示从古至今这一特定家畜如何融入人类社会的整体背景之中。这一意图有其思想与经历的根基。1967 年，我想到（别人在我之前也已想到），似乎在中世纪伊斯兰史料中没有提到有轮车。因为我从《圣经》或其他别的什么地方得知古时候近东存在过战车，可以推测也存在过两轮马车（cart）和四轮马车（wagon），所以我很好奇是什么导致了轮子的消失。对这一问题的研究使我相信骆驼是问题的核心，我写了两篇文章阐述我的结论。[1] 然而当时我没想深究骆驼的历史，一个原因是，作为受过专业训练的中世纪伊斯兰历史学家，我对动物几乎一无所知。我也意识到，为研究中发现的问题寻找答案，会将我卷入我所不熟悉的地域、语言和学科。

　　回想起来，我认为使我投身于人与骆驼关系研究的经历发生在 1966 年的伊朗。那是我第一次去中东，我常常震惊于日常生活中家畜的无处不在。绵羊在伊斯坦布尔市中心的征服者穆罕默德大清真寺庭院里吃草，马拉车在土耳其和伊朗的小镇中比出租车更常见。我刚用过餐的餐馆前的马路上一只绵羊被剥皮，繁华的人行道上一只鸡被斩首后卖给买家。在美国生活中跟动物不甚接触的我，对这种到处存在动物的异域风情大感新鲜。

　　一天，我在伊朗东北部尼沙普尔的乡间小路上骑车，被一个牧羊人正往镇上赶的小羊群拦住了去路，我的这一观点转变了。我等着牧羊人清出道路，但他全神贯注：他正用他的棍子打一只奄奄一息的羊。既然我别无选择只能观看这一于我而言堪称恐怖的图景，我便开始思考。那些羊显然正被带到市场，而那只被打的羊显然非常虚弱，可能是病了。它走一两步就跌倒，然后被牧羊人打。我开始明白，牧羊人打它让它走，是因为如果羊死在半路他就无法卖掉它。我注意到，当鞭打对羊的移动作用越来越小的时候，牧羊人几近落泪。我认为他知道那只羊恐怕永远也到不了尼沙普尔了，但他还是不停地试着赶它走。如果它没走到那座城市，它也就不能存在了。

5

后来思索这件事，我得出结论：一只羊可能就是收益和损失之间的区别，就是一天的硕果累累与徒劳无功之间的区别。如果他是受雇的牧羊人，那只羊的损失可能会影响他的名声从而影响他的整个经济和社会地位。简而言之，我第一次意识到人与家畜之间的相互关系。如果我早出生 50 年，要我来评估这类事件，我一定会认为这种相互关系理所应当。像过去一样，它给我留下了深刻印象，并使我后来在骆驼研究中始终铭记定义了家畜特征的人类背景。我想了解的，不仅仅是骆驼养育者如何对待他们的牲畜，也包括当动物与不养育动物的社会接触时，它们会对这些社会施加何种影响。

声明本书并非一部骆驼大全，也许会显得多余。这是一本关于骆驼的书，但书中骆驼都与人类社会有关，只涉及骆驼对人类社会的影响。不幸的是，这便意味着那种一提到骆驼就会联想到的问题——骆驼没水能走多久？骑骆驼会让人产生晕船的感觉吗？骆驼总在吐口水吗？——即使涉及也是一带而过。不过，这本书会提出许多新问题，对部分问题给出令人满意的回答，并试图回答所有问题。

然而即使在所限定的骆驼与社会这个范围内，本书也不是一部大全。这个主题太大了，通贯深入的研究需要多方面的能力，我大多都不具备。我的研究几乎完全局限于已发表材料，加上很少的一点田野观察。即使在已出版的文献范围内，我也受限于语言工具、材料的可获得性和阅读量需求。例如，养育骆驼的国家那巨量的旅行文献，我就仅仅举了一点例子而已。

出版这样一部不算成熟的作品，我的主要理由是，能在这个方向上有更大推进的作品，应当出自那些在该主题所涉及的诸多领域都受到适当训练的人之手。我希望，即使本书某些细节分析被推翻，整体理论的说服力也足以将骆驼饲养和使用的发展史构建成可深究细节的严肃学科，足以为对人与作为整体的家畜关系的研究提供更宽泛的动物学或人类学基础。

本书以 *camelus dromedarius* 指单峰驼，以 *camelus bactrianus* 指双峰驼。这是为了避免常见的名称混淆，大多数人都有过这类迷惑。

注释

1. "Le chameau et la roue au Moyen-Orient," *Annales: économies, sociétés, civilisations*, 24 (1969), pp. 1092-1103; "Why They Lost the Wheel," *ARAMCO World*, 24 (1973), pp. 22-25.

骆驼与轮子

　　传统观念把轮子看作人类最聪明的发明之一，骆驼则是上帝最拙劣的创造之一。大体上说，轮子的历史已经得到了很好的研究。[1] 从轮子最初的发明到机动车的发展，每一步进展都得到考察。横杠（whippletree）、板簧（leaf spring）、弧形辐条（cambered smoke），都获得了关注。还有人思考为什么有些相对发达的社会，如前哥伦布时代的美洲，从未使用如此绝妙的运输装置。然而，人们从未探讨，为什么涵盖地球上最发达社会的一个辽阔区域，在历史上一个特定时期内，却抛弃了轮子的使用。事实上，这一明显反常的史实竟然几乎从未被察觉到。

　　就骆驼而言，人们已经就这种乍一看有点笨拙的动物写了不少了，但研究驯化骆驼的历史大多集中于两个问题：骆驼何时何地首次被驯化？是谁在什么时候将骆驼引进了北非？虽然这两个问题每一个都有其自身不可名状的魅力，本书也将适时讨论，但最重要的问题却被熟视无睹。而这个问题的重要性在于，对骆驼养育者的部落民小圈子之外的世界，骆驼有着巨大的社会经济影响。问题是：为什么在从摩洛哥到阿富汗的广大区域内，骆驼（单峰驼）几乎完全取代了有轮车，成为运输的标准方式？

在详细讨论骆驼何以取代轮子这一复杂问题之前，首先要论证前两段所称的无轮的情况确实存在。当然，不必罗列中东和北非社会传统上使用骆驼作为驮畜的证据，因为骆驼商队早已成为世界对这一地区固有印象的一部分。不过，对有轮车的消失必须加以解释。

证明某种东西在过去某一时期、某一地域不存在，是每个历史学家的梦魇，因为总会有一种使人不得安宁的恐惧：未来某一天发现了它存在的证据。幸运的是，有轮车不存在的证据如此广泛、如此能够相互印证，因而恐惧在此只是虚幻。三种证据尤其令人信服：旅行者和其他观察者的陈述、图像证据，以及阿拉伯语和波斯语的词汇表。

关于有轮车不存在的直接陈述的局限是上溯的时间不够久远，但最近几世纪相关证据的数量巨大。18 世纪 C. F. 沃尔尼（C. F. Volney）写道："值得注意的是，在整个叙利亚都见不到两轮或四轮车。"[2] 亚历山大·罗素（Alexander Russell）在阿勒颇所见略同，他评论说，骆驼"在农村有无数用处……在乡下，除了一种笨拙的两轮车有时用来运输大石块，有轮车并不存在"[3]。19 世纪中叶，哈维尔·雷蒙德（Xavier Raymond）说，在阿富汗"四轮车（*voitures*）的使用不为人所知"[4]。大致同时，阿尔及利亚北部的撒哈拉沙漠，亨利·特里斯塔姆（Henry Tristram）的报告称："祖亚（Zouïa）的奇观，人们最得意扬扬地告诉我们的奇特之物，是一辆两轮车。它是突尼斯州长（Bey）的礼物，在这里第一次也很可能是最后一次出现。它被拆开并被骆驼驮了 700 英里，现在安置于一个玻璃柜中。"[5]

近年来，有学者注意到穆斯林世界有轮车的消失。研究穆斯林西班牙的专家列维－普罗旺察尔（E. Lévi-Provençal）说："似乎至少整个中世纪，在穆斯林世界西部存在过某种使用有轮车的禁令，寻求这一问题的合理解释想必会很有趣。"[6]在一项对摩洛哥农业的研究中，让·勒高兹（Jean Le Coz）写道："众所周知，摩洛哥传统上是没有道路的——这里所说的道路，是指被设计并建造的交通路线——甚至几乎不存在轮子的使用。"[7] S. D. 戈伊坦（S. D. Goitein）注意到在中世纪的埃及，"罗马时代如此常见的四轮车彻底消失了，戈尼萨文书（Geniza papers）只字未提"[8]。与此相似，也有人注意到中东的十字军国家的史料中，从未提及过两轮或四轮车。[9]

还可以找到更多类似证据，但大致的图景已然清晰，即从摩洛哥到阿富汗都缺少以车为工具的交通。问题在于，这种无轮社会的历史能够上溯多远？比大多数游记更古老的证据是图像。伊斯兰艺术所提供的图像证据，一方面是任何种类有轮车图像的极端稀缺（当然印度和奥斯曼细密画要除外，那些细密画反映了印度和奥斯曼社会从未放弃使用轮子）[10]；但另一方面，车的形象常常出现在传说的图像中，这种描绘受到前伊斯兰艺术传统的影响，而图像展现的挽具使用模式也完全不合理。例如，一幅出自伊朗史诗《列王纪》(*Shahnameh*) 的图景，就展现了两匹马被用链子（chain）挽在了一辆两轮车上，链子从环绕马颈的松弛的、套索一般的项圈延伸至车轮轮毂(hub)，并无车轴（shaft）、车轭（yoke）、车舌、缰绳（rein）、笼头(bridle)，没有任何东西能暗示出马如何被驾驭、如何在不被累死的前提下拉动车。车本身则像一个箱子或匣子，两只构造令人难以想象的无辐条的轮子之上有小小的支架。[11] 简而言之，这一图像纯属臆造，那位艺术家从未亲眼见过有轮车。从其他图像也可得出同样的推断。一幅图描绘一头被相当有趣的马项圈挽住的骡子，但它所拉的车靠很小的不能转动的轮子来移动，且骡子拉车的方式也导致牵引不那么轻松。[12] 其他艺术家展现出了对马项圈的某些理解，但对如何使用它将动物与车连为一体完全不涉及。[13] 另一幅画中，马和车之间根本没有明确的连接。[14] 结论再次明晰：大多数中世纪穆斯林艺术家从他们的日常经验中并不知道车长什么样。[15]

10

　　最后是语言学证据。14世纪以前的阿拉伯语中有且只有一个词表示一切有轮车。这个词是 *ᶜajala*，其语源有"迅速"之意。[16] 这个词在中世纪阿拉伯语作品中很罕见，指的要么是外部人群的车，要么是伊斯兰历史上偶然出现的某些特别的车。这个词偶尔也被用来指一种水轮（灌溉设施）和陶艺，而轮子技术在制陶领域从未衰退。关于 *ᶜajala* 一词的使用，重要的还不仅仅是它极少出现（尽管这本身就可以说明中世纪运输经济中轮子的缺席），而是存在这样一个事实：它是日常使用中唯一指有轮车的词。尽管在伊拉克、埃及和叙利亚，古老时代就已存在两轮和四轮车，阿拉伯征服地区的语言中没有任何一个表示有轮车的词被借入阿拉伯语。事实上，叙利亚语词 *markavthā* 有一个意思指有轮车，它的词根意为"骑上，登上"，与此相关的阿拉伯语词 *markab* 意为骑乘动物、马鞍或其他动物车或船，但不指有轮车。显然当阿拉伯语扩张到说阿拉米语或叙利亚语的地区时，这个叙利亚语词有轮车的含义已经消失。　　　14

　　借词的缺席是很奇怪的，特别是考虑到阿拉伯语在14世纪以后很快就接纳了表示有轮车的外来词。[17] *ᶜaraba* 一词在14世纪通过土耳其语的影响，代替 *ᶜajala* 成为指代两轮或四轮车的基础词，它明显是表示一种攻城武器的阿拉伯语词 *carrāda* 的变体。其他词明显是外来词，例如：借自意大利语 *carrozza* 的 *karrūṣa*，借自意大利语 *carretta* 的 *qarrīta*，通过土耳其语借自匈

牙利语 *hinto* 的 *hantūr* 和借自英语 *phaeton* 的 *faitūn*。此外，波斯语中也存在同样的情况。整个中世纪，*gardūn* 一词都足以应付提到有轮车的少数场合。然而 14 世纪以降，外来词变得常见，包括 *ʿaraba*、借自俄语的 *doroshke* 和借自印地语的 *gārī*。

因此，语言学证据支持了图像资料和游记的证据，但还不止于此。如果在 7 世纪伊斯兰征服之后阿拉伯语缓慢传播的社会中使用轮子，那么其证据应当在阿拉伯语的借词中清晰可辨。就波斯语而言，征服时期的口语与 10 世纪复兴的波斯语书面语之间，当然有直接的延续性，但具体到涉及轮式运输的词汇，二者之间确实存在空白。唯一可能的结论是，轮子和与之相关的词汇在伊斯兰征服前的某个时刻消失了。这不仅解释了阿拉伯语和波斯语在这方面何以词汇如此贫乏，也解释了描述被征服人群时为什么从未提及两轮和四轮车。

如果阿拉伯征服时代轮子在中东已经消失，那么接下来的问题就是，轮子已经消失了多久？不幸的是，在此并无如阿拉伯征服那样伟大的历史地标可供界定。我们甚至不能确定消失之前的两轮和四轮车在这一地区有多常见。运输史家能够找到许多对古代有轮车的描绘，尽管其中大部分是军用车（那些足以幸存至今的艺术作品都是奉国王和将军之命所创作的，这个特点使得图像中有轮车的性质多为军用变得容易理解），不过也有足够多普通用途的马车图像，证实民用车辆的存在。[18] 但必

须始终牢记，驮畜也很早就被普遍使用，且一直是运输经济中
比有轮车更重要的一部分。[19] 即便如此，不管先前运输经济中　16
有轮车和驮畜的比例如何，后来轮子确实消失了。我们要寻找
的是轮子消失的时间，而非两轮和四轮车在消失前流行程度的
精确指标。

　　没有理由假定中东和北非的轮子消失于同一时期，所以寻
找轮子消失时间的证据最好基于对各地区的逐一考察。不幸的
是，一些地区提供的信息很少，例如波斯帝国历史的突变使其
古代文字材料大多湮灭。公元前 6—前 4 世纪阿契美尼德王朝
时期明显存在有轮交通。军队中的战车、对铺设长路的提及、
帕萨尔加德（Pasargadae）附近至今尚存的一段有车辙的路，都
是令人信服的证据。迟至公元前 1 世纪，西西里的狄奥多罗斯
（Diodorus the Sicilian）说，波斯的主干道都用于有轮交通，遗
憾的是他倾向于不加提示地使用更早的材料。[20] 但我们不大了
解帕提亚人的历史，他们是公元前 3 世纪到公元 3 世纪古波斯
帝国的主导力量。待公元 3 世纪萨珊王朝兴起时，伊朗的信息
又相对丰富起来，这时有轮车似乎已经消失了。因此，很难确
定波斯帝国轮子消失的时间，能作出的很少的几个判断在地理
上也仅仅限于帝国西部，不适用于伊朗高原的大部分地区。本
书第六章将会重新处理伊朗这一特殊问题。

　　经历了轮子消失的其余地区，大多处于罗马人的控制之

下。罗马埃及（公元前 30 年之后）兼有马车运输和骆驼运输，后者是相对晚近的、方兴未艾的现象。一位研究这一罗马省份经济的专家写道："陆路运输通常是通过骆驼或驴。很少使用四轮车，尽管发现了一家参与运输的私人公司在上埃及缴纳了四轮车税，一些大庄园将四轮车用于多种农事活动。"[21] 此外，自公元 1 世纪起有保存下来的算式详述了用四轮车运送成捆稻谷的具体开销、四轮车的租金和售价。[22] 因此，轮子在埃及的消失一定迟于公元 1 世纪，即使这个过程在此之前即已开始。

有轮车在北非的历史因撒哈拉沙漠中央的图像证据而格外迷人，这些图像证实了遥远过去的某个时刻，那里使用过马拉战车。[23] 尽管在遥远东方的军队中战车早已消失，在整个迦太基历史上，战车仍占有重要地位。[24] 然而对于非军用车而言，罗马时代的遗存提供了最重要的证据。公元后前三个世纪的马赛克镶嵌画中四轮车并不罕见，公元后前两个世纪罗马帝国在非洲的领土上还在修建道路。[25] 正如第五章将详细讨论的那样，这恰恰是骆驼在的黎波里塔尼亚（Tripolitania）和突尼斯开始为人所知并用来适应农业社会任务的时刻。因为非常具体的原因，骆驼对这一特定地区并未产生对其他地区那样的影响，而且似乎两轮车在突尼斯南部甚至更广阔的地区从未被弃用。因此，轮子在北非的消失有些含糊不清。在非罗马的土地上，除战车外有轮车可能根本从未被大量使用过。很少有罗马边境之外的证据。在罗马的土地上，轮子的使用局限于特定区域，这显然是由于挽具技术的重要进步。然而，在轮子式微的地区，式微一定发生于公元 2 世纪以后。

最后，罗马叙利亚（指整个黎凡特海岸与内陆地区，直到波斯帝国边境）有大量使用轮子的证据。公元 1—4 世纪在这一地区战斗的罗马军队使用了许多车，以运送行李和攻城器械，还运送建造浮桥的浮筒。[26] 但他们对驮运骆驼的使用也增加了，甚至从埃及征发骆驼。[27] 公元 3 世纪罗马人和波斯人边境上的杜拉·欧罗普斯（Dura Europus）的一幅壁画体现了更平民化的特征，该壁画展现了一群牛拉着一辆宗教车。[28] 然而因为宗教传统具有相当的连续性，这可能并不代表日常的普遍使用，甚至在伊斯兰时代都有人提到车被用于基督教的宗教游行。[29]

叙利亚的罗马道路系统也能说明问题。罗马路网的首要目的固然是服务于军事，但也大大提高了平民有轮交通的效率。即使道路尚未铺砌时——在叙利亚道路铺砌主要发生于图拉真（Trajan）时代，至少路上诸如石块之类的障碍都被清理一空。在皇帝图拉真统治时期及之后，新并入帝国的叙利亚部分地区被整合进了帝国路网，主要道路都被铺砌。[30] 这只可能改善有轮车的各项条件，并且存在证据证实车夫们利用了这一情况。公元 137 年北叙利亚沙漠中央的商队集散地帕尔米拉（Palmyra）城颁布的财政法，规定对一车商品所征之税应当与对四峰骆驼

驮运商品所征之税等同。[31] 显然，这一日期前刚刚建好的通往
帕尔米拉的道路带来了有轮交通与骆驼商队的竞争。

20   然而，帕尔米拉这项针对车的征税最有趣的特征还不在于
揭示了道路系统与轮式运输之间的联系，而在于它给定了一峰
骆驼的驮运量与一辆车的装载量之间 1:4 的比率。这一比率中蕴
涵着中东运输经济整体转变的重要线索。要认识到这一比率的
重要性，前提是将帕尔米拉财政法与公元 301 年皇帝戴克里先
（Diocletian）颁布的价格敕令相比较（这一敕令旨在平抑物价和
工资，至少是在罗马帝国东部省份，因为该地区在戴克里先个
人统治之下，当然这是失败的尝试）。

    这一敕令明确规定 20 第纳尔（denarii）为一辆四轮车 1200
罗马磅商品运输一英里的价格，8 第纳尔为一峰骆驼 600 罗马
磅商品运输同等距离的价格。[32] 因为至少两头牛才能牵引一辆
四轮车（也提到有使用八或十只动物，但这些可能包括信仰转
变）[33]，每头牛的载重几乎与每峰骆驼相同，而每头牛的花销是
10 第纳尔。因此根据价格敕令，用骆驼运货比用车省 20%。此
外，相对于帕尔米拉的 1:4，这里一峰骆驼的驮运量与一辆车的
装载量之间的比率变成了 1:2。

    尽管两份文件之间相隔一个半世纪，但没有理由相信期间
运输的物质条件发生了重大改变。如果公元 301 年一峰骆驼的
驮运量为 600 罗马磅——这个数值是很可能的，因为它大概合

常衡（avoirdupois）430 磅，非常接近中世纪和现代的骆驼驮运量[34]——那么公元 137 年一峰骆驼的驮运量也一定差不多。而且，尽管专治挽具的历史学家理查德·勒费弗尔·德·努埃特（Richard Lefebvre des Noëttes）计算得出的罗马时代马或牛的最大载重量 500 磅这一数值饱受争议，价格敕令中的 1200 罗马磅（常衡 861 磅）还是符合这一估计，远非这一估测数值的两倍。只有双倍数值才能解释帕尔米拉财政法中 1:4 的比率。[35]

　　简而言之，比较两份文件，显示帕尔米拉的立法者们意欲对用车往城镇送货者课以重税。显然，车并非制造于帕尔米拉周边无树地区，因此用车做生意的人一定是外来者，一定是试图从有利可图的商队贸易中获得部分利益的竞争者，正是这些贸易使帕尔米拉成为繁华的城市。或许当时并无办法禁止车沿着新路进入沙漠，但在帕尔米拉立法的商人们至少可以立一个有所偏袒的税法，以确保其自身驼队的商队贸易持续占据主导地位。

　　因此，帕尔米拉的证据可以确证，罗马叙利亚的车夫和驼工在经济上相互竞争，各自努力占据上风。帕尔米拉之外，目前尚未发现这种有关骆驼与轮子直接竞争的清晰证据，但罗马埃及的特定材料表明，类似的节省在那里可以通过使用骆驼实现。[36] 因此总起来说，戴克里先敕令所见使用骆驼可节省 20% 花销一事，很好地表明驮运骆驼在与有轮车的竞争中占了上

风。值得指出的是，虽然随着挽具的巨大改良，有轮车的效率
显著提高，但是当现代驮运骆驼与四轮车直接竞争时，骆驼常
常被证实是更经济的运输方式。20 世纪 20 年代的新疆如此（那
里车还是骆驼牵引的）[37]；此前 10 年的伊朗东北部也是如此[38]。
因此，可以做出假说：抛弃轮式运输而采用骆驼运输的最初原
因，在于相对轮子来说骆驼更经济。

　　证实这一假说必须解决的问题既多又难。其实，这整本书
的写作，就是终于认识到这些问题有多么多、多么难的产物。
第一个问题在于，为什么骆驼驮运相对轮式运输有这么大的竞
争优势？第二，为什么竞争的结果是对有轮车的全面抛弃，而
非仅仅发生在商业运输方面？而最重要的问题（其实前已提及）
是：为什么骆驼替代轮子发生在特定的历史节点，即大约公元
3 到 7 世纪之间？

　　第一个问题可以有一个冗长但相对令人满意的答案，这是
因为我们将在第七章单独探讨其子问题，即为何骆驼不是用来
拉车而是转化成一种更加高效的运输工具。我们暂且假定骆驼
仅仅作为驮畜参与竞争，许多因素影响了运输的花销。19 世纪
和 20 世纪的军事人员对骆驼的驮运价值做出了最准确的评价。
三位独立专家把他们的发现细致而简要地记录下来。他们都发
现骆驼在总体使用方面相对骡子有轻微劣势，但在保养和维持
方面无疑更加经济。1844 年法属阿尔及利亚总督让－鲁克·卡

尔布西亚 (Jean-Luc Carbuccia) 写了一份报告,提议在法属阿尔及利亚建立一支永久驼队,报告列举了骆驼相较骡子的优势不少于 16 个,大多是关于饲养、补给水和养护方面的节省,也包括力量更大、更易驯服和更耐久。[39] 英国军事运输官阿瑟·格林·伦纳德 (Arthue Glyn Leonard) 少校得出了同样的结论,他1894 年写道:"可以毫不犹豫地说,现有条件下,尽管我们对骆驼管理不善,但整个说来骆驼是最适于军事目的的动物……(1) 断水断粮条件下 [相对于骡子] 具备更强的生存能力;(2) 能驮运双倍(于骡子)的货物;(3) 需要更少的驼工;(4) 不需要装蹄铁;(5) 更易大量获得;(6) 最初花销少;(7) 维持费用低。"[40] A. S. 里斯 (A. S. Leese) 基于他在印度和东非的经历列出了许多相同的要点。[41]

我们没有类似的一峰骆驼与一头罗马牛的比较,但伦纳德少校在引进骆驼到南非的提议中,写到了对驮运骆驼相对牛车优势的估计,其结论如下:

现在让我们用几句话总结骆驼相对于牛在运输上的特殊优势。

1. 运量是牛的两倍。

2. 更快,每天能走更远。

3. 一次可以走 20—25 英里。

4. 在一年和一生中能走的路程长得多。

5. 能穿过可能陷车的土地。

6. 涉水过河不会遇到什么问题，四轮车则必须卸货。

7. [无关]

8. 寿命和工作时长是牛的四倍。

9. 断水断粮条件下更强的生存能力。

10. 更强的韧性和耐力。

11. 四轮车更容易抛锚、翻车或陷住，会导致时间的浪费和额外开销，同时人们对此无能为力，需要修理工具。

12. 最后是四轮车的自重太大，我想至少有 1 吨。[42]

确实，前面引用的伦纳德等人是骆驼的热心支持者，倾向于在陈述骆驼的优点时极尽溢美之词，但这些人都有丰富的实践经验，我们必须认真对待他们的一致看法。那么，就工作潜力而言，在罗马统治下的叙利亚、埃及和北非，养骆驼的花销大于养牛或骡子，就是不可想象的。当然，骆驼更高的售价很大程度上会抵消这种节省，公元 2 世纪埃及的牲畜价格显示一峰骆驼售价为一头牛的两倍、一头驴的四倍。[43] 因此，在计算使用骆驼替代牛是否划算时，必须始终考虑到骆驼的可获得性，这是一个额外因素。

除了骆驼比牛更高效的身体条件，还有一种因素参与进来加强了驮运的优势，即与四轮车相关的技术因素。首先，一只动物牵引一辆四轮车能带动的重量，受到四轮车和挽具设计现状的严格限制。[44] 若不是完全改变了挽具设计理念，马车的巨大潜力就不会获得后来那样的充分实现。从安纳托利亚数百年间持续使用的牛车判断，农村使用的那种简陋的车可能一直采用实心的轮子。罗马的牛车每天只走 6—9 英里，而驮运骆驼则能走 15—20 英里。[45] 四轮车和牵引挽具的花销即使降至最低，也必然大大超出骆驼鞍的花销，在那些缺少树木的地区更是如此。[46] 此外，骆驼可以行走在没有道路的地方，这就更加经济。帝国政府常常出于军事目的资助主要道路的修建，利用这些道路的四轮车主不必承担其修建成本。然而，乡村之间和从乡村到城镇的地方道路不在此列。有轮车要在这些地方道路上有效使用，不可避免需要一些本地投资。最后，一辆四轮车需要一名车夫来照看两头动物，而一个驼工就可以照看由三到六峰骆驼组成的驼队。

只要牛车的运载量像当时的材料显示的那样少，通过驮运骆驼运输就一定更便宜。戴克里先价格敕令的真正目的或许有待进一步探讨，但骆驼 20% 的竞争优势似乎在合理范围之内。不过，仅凭这一点，还无法解释轮子何以消失得如此彻底。

那么，驮运骆驼的竞争优势如何造成了有轮车的彻底或几乎彻底的消失？回答这个问题的途径很多，其真正答案毫无疑问涉及一些无关骆驼或与骆驼关系不大的因素。战车是一个重要的例子。战车在数百年间主导了中东战场，古典时代这种战车在所有车辆中风头最劲，尽管两轮和四轮车在普通运输中发挥更大的作用。从技术角度看，很可能过去跟现在一样，军民两用设备的创新设计首先来自军事方面，车匠和挽具制造者的工艺相当多地受益于在军事上占主导地位的战车。

　　然而，自公元前 8 世纪起，作为主力部队的大规模骑兵逐渐使战车黯淡无光。先是亚述帝国，然后是几乎已知世界的每一个国家都采用了骑兵。既然军事领域骑兵取代了战车，公元前 4 世纪喀尔巴阡人再使用战车就几乎是时代错置了。这一变化的最终结果，可能是制车工业的技术停滞，但更加确定的结果是统治阶层转而喜欢骑乘。不错，精致的战车和私人车辆仍在使用。一个特别恶名昭彰的例子是，公元前 81 年庞培（Pompey）为庆祝他在非洲的胜利，打算乘坐四头大象牵引的战车进入罗马，却因城门太窄以失败告终。[47] 然而，战车和四轮马车彻底过时了，到公元前 1 世纪，如果一个有身份的人明明会骑马却乘车，这样的行为被认为是不合适的。[48] 显然，影响轮子衰落的因素与骆驼无关。

　　另一个与骆驼关系存疑的因素，是罗马道路系统的衰落。这个过程发生的时间难以确定，也因地区而异。[49] 在罗马扩张到来之前，很多地方并没有罗马式的平整铺砌的道路，有轮车的确也凑合着跑了许多个世纪，但罗马帝国的衰亡也一定造成了以车为媒介的交通的衰退，尽管许多地方运输可能从来不靠官道。当骆驼取代了四轮车，维护道路的需求当然就持续减少，且这两个过程相互关联。不过，日趋增多的骆驼运输是否真的在道路失修的最初阶段产生了影响，还是应该存疑。

也许，整个过程中的主导性因素是挽具和四轮车制造业的衰落。任何贸易，一旦成交量降低到某个关键水平之下，都会朝不保夕。20世纪美国的马蹄铁行业便是绝佳的案例。短短一代人时间内，曾经无处不在的蹄铁匠因成交量的灾难性暴跌，而从数千个地点彻底消失。罗马帝国四轮车制造业的衰退可能比这慢得多，然而更彻底。骆驼的竞争在商业运输领域刺激了这种衰落，起了同样作用的是在奢侈品消费层面时尚的改变。一旦衰落，使这些复杂商贸行业复兴的唯一方式，就只有从依旧兴盛的地区引进工匠。也许会有车辆生产残留下来，但这些依靠家庭制造的车辆工艺粗劣，其竞争力远不如以前那些专精工艺的产品。

总而言之，驮运骆驼更经济无疑是轮子消失的关键因素，即使不是唯一的因素。如果没有合适的替代品，无论道路损毁如何严重，无论贵族如何蔑视，车轮本来都会继续滚动。罗马帝国的势力在高卢解体的过程中，轮子幸存下来，这一事实足以证明这一点。但替代品正在到来，这种替代品是更好的运输

27

方式，是 900 磅的肌肉与傲慢，对那些欣赏它的人来说，则是优雅。

我们第三次（也是最后一次）来面对年代这个中心问题。合适的替代品并非新生事物，它已经耐心等待了若干世纪，等待咯吱作响的牛车退出历史舞台。那么，为什么这一转变发生在公元 4、5、6 世纪而不是早 500 年或晚 500 年呢？本书对这个问题做出的回答相当复杂，植根于骆驼驯化的悠久历史之中。此外，要回答这个问题，不可避免要纠缠一些与运输史间接相关的历史问题。所以，如果下文各章的一系列论证导向意料之外的路径，请求读者不要怪我忘记了中心论题而失望。

注释

1. 最近出版的一部通论性质的作品是 Lázló Tarr, *The History of the Carriage* (Budapest: Corvina Press, 1969)。

2. C. F. Volney, *Voyage en Égypte et en Syrie* (Paris: Bossange Frères, 1822), II, p. 260.

3. Alexander Russell, *The Natural History of Aleppo* (London: G. G. and J. Robinson, 1794), p. 166.

4. Xavier Raymond, "Afghanistan," in Louis Dubeux and V. Valmont, *Tartarie, Beloutchistan, Boutan et Népal* (Paris: Firmin Dilot Frères, 1848), p. 61.

5. Henry Baker Tristram, *The Great Sahara* (London: J. Murray, 1860), p. 295.

6. E. Lévi-Provençal, *Histoire de l'Espagne musulmane* (Paris: G. P. Maisonneuve, 1953), III, p. 93.

7. Jean Le Coz, *Le Rharb; fellahs et colons* (Rabat: Ministry of Education of Morocco and Ministry of Education of France, 1964), I, p. 354.

8. S. D. Goitein, *A Mediterranean Society*, vol. I, *Economic Foundations* (Berkeley: University of California Press, 1967), p. 275.

9. Hans Eberhard Mayer教授，私人通信。

10. 16世纪早期的著名艺术家Bihzad的一幅画作完全真实可靠地展现了马拉车的景象。不过，车的设计表明它是一辆中亚突厥式的*araba*。这标志着突厥人将轮子重新引进中东，*araba*鲜被描绘的事实表明了这一地区的文化对轮子的重新引进有多么抗拒。更多讨论参见第10章。Thomas W. Arnold, *Bihzād and His Paintings in the Zafar-Nāmah Ms.* (London: Bernard Quaritch, 1930), pl. IX.另一辆可信的四轮车出现在16世纪的一幅波斯细密画中 (见*Mostra d'Arte Iranica: Roma-Palazzo Brancaccio 1956*, [Milan: "Silvana" Editoriale d'Arte, 1956], pl. 103)。不幸的是，牵引的马匹被一条龙吃光了，无法判定其牵引手段。

11. 福格艺术博物馆（Fogg Art Museum）馆藏 #1955.12.

12. Ernst J. Grube, *The World of Islam* (London: Paul Hamlyn, 1966), p. 92.

13. René Patris, *La Guirlande de l'Iran* (n. p.: Flammarion, 1948), p. 30.

14. Arthur Upham Pope, ed., *A Survey of Persian Art* (Oxford: Oxford University Press, 1938), V, pl. 832D.

15. 欧洲人描绘车和挽具也不总是高度精确的，但存在一些足以辨认的图像，展现出技术发展的主线。

16. M. Rodinson, "'adjala," *Encyclopaedia of Islam*, new ed. (Leiden: E. J.

Brill, 1960—), I, pp. 205-206.

17. M. Rodinson, "Sur l'araba," *Journal Asiatique*, 245 (1957), pp. 273-280; M. Rodinson and G. L. M. Clauson, "Araba," *Encyclopaedia of Islam*, new ed., I, pp. 556-558.

18. R. Lefebvre des Noëttes, *L'Attelage; Le cheval de selle à travers les âge* (Paris: A. Picard, 1931), 以及Paul Vigneron, *Le cheval dans l'antiquité gréco-romaine* (Nancy: Faculté des lettres et des Science humaines de l'Université de Nancy, 1968), II. 两书搜集了这些图像，很有用。

19. J. Sion, "Quelques problèms de transports dans l'antiquité: le point de vue d'un géographe mediterranéen," *Annals d'Histoire Économique et Sociale*, 7 (1935), pp. 630-632.

20. R. Ghirshman, *Iran from the Earliest Times to the Islamic Conquest* (Baltimore: Penguin Books, 1961), pp. 145-146, 187 ; R. J. Forbes, *Studies in Ancient Technology* (Leiden: E. J. Brill, 1965), II, p. 138.

21. Allan Chester Johnson, *Roman Egypt*, vol. II of *An Economic Survey of Ancient Rome*, ed. Tenney Frank (Baltimore: Johns Hopkins Press, 1936), p. 403.

22. Johnson, *Roman Egypt*, pp. 405, 407.

23. 参见第5章。

24. B. H. Warmington, *Carthage* (Harmondsworth: Penguin Books, 1964), pp. 110, 130.

25. Forbes, *Ancient Technology*, II, p. 189.

26. Victor Chapot, *La Frontière de l'Euphrate de Pompée à la conquête arabe* (Paris: Albert Fontemoing, 1907), pp. 172-173, 184, 222.

27. Chapot, *La Frontière,* pp. 181, 220 ; Johnson, *Roman Egypt*, p. 631.

28. Roman Ghirshman, *Iran: Parthes et Sassanides* (Paris: Gallimard, 1962), pl. 367.

29. Rodinson, "ᶜAdjala," p. 205; el-Bekri, *Description de l'Afrique septentrionale*, tr. MacGuckin de Slane (Algiers: Adolphe Jourdan, 1913), p. 36.

30. Forbes, *Ancient Technology*, II, p. 150.

31. J. G. Fevrier, *Essai sur l'histoire politique et économique de Palmyre* (Paris: J. Vrin, 1931), pp. 31, 60-61.

32. A. H. M. Jones, *The Later Roman Empire, 284-602* (Oxford: Blackwell, 1964), II, p. 841.

33. Forbes, *Ancient Technology*, II, p. 159.

34. 在12世纪的埃及，标准驮运量仅有500磅。S. D. Goitein, *A Mediterranean Society* (Berkeley: University of California Press, 1967), I, 220,335. A. S. Leese, *A Treatiseon the One-Humped Camel in Health and Disease* (Stamford, Eng.: Haynes and Son, [1927]), pp. 114-115给出了现代不同国家的不同种类的骆驼的标准驮运量。最优良的骆驼甚至能驮1200磅，430磅的驮运量应当处于Leese给出的范围的较小一端。

35. J. Sion（"Qeulques problèmes," pp. 628-629)和A. Burford（"Heavy Transport in Classical Antiquity," *Economic History Review*, ser. 2, 13 [1960], pp. 1-18)提出颇具说服力的观点，支持驮运量上限高于500磅。但即使最大驮运量真的超过了500磅，标准驮运量也可能仍较低。例如在澳大利亚，一峰用于牵引的骆驼的标准牵引量是1000磅，但有时一峰骆驼会牵引1万磅的货物。H. M. Barker, *Camels and the Outback* (London: Angus and Robertson, 1964), pp. 91, 78.也有人（Tarr, *The Carriage*, p. 148）认为载重量被人为控制得很低以降低对道路的损耗，但完全不能肯定两辆每辆载重1000磅的两轮车对路

面的损耗就比一辆载重2000磅的两轮车小。

36. 在公元1世纪的埃及，用四轮车装载一捆货物每天要花5德拉克马（drachmae），租一峰骆驼用于同样的用途仅需1.04德拉克马。Johnson, *Roman Egypt*, pp. 405. 不能确定这些数据在时间和空间上是否一致。

37. Owen Lattimore, *The Desert Road to Turkestan* (London: Methuen, 1928), p. 226.

38. Charles Issawi, ed., *The Economic History of Iran 1800-1914* (Chicago: University of Chicago Press, 1971), p. 204

39. J.-L. Carbuccia, *Du dromadaire comme bête de somme et comme animal de guerre* (Paris: J. Dumaire, 1853), pp. 12-13.

40. Arthur Glyn Leonard, *The Camel: Its Uses and Management* (London: Longmans, Green, 1894), pp. 291, 295.

41. Leese, *The One-Humped Camel*, pp. 121-122.

42. Leonard, *The Camel*, pp. 329-330.

43. Johnson, *Roman Egypt*, pp. 230-232.

44. R. Lefebvre des Noëttes, *La Force motrice animale à travers les âge* (Paris: Berger-Levrault, 1924)

45. Forbes, *Ancient Technology*, II, p. 159. Leese, *The One-Humped Camel*, pp. 117-118.

46. 有一个例子被记录了下来：在罗马埃及，一辆骡拉车售价80德拉克马，这个价格大约是一头牛的售价的三分之一。Johnson, *Roman Egypt*, p. 407.

47. Plutarch, *The Lives of the Noble Grecians and Romans*, tr. J. Dryden (New York: Modern Library, n.d.), pp. 748-749.

48. 皇帝克劳狄乌斯（Claudius）在罗马禁绝、在意大利其他地区限制载客车。Tarr, *The Carriage*, p. 149. 西塞罗批评西西里总督维列斯（Verres）坐轿而非骑马，对一名军官来说，后者才合适。2 Verr., 4, 53; 5,27,讨论见于V. M. Scramuzza, "Roman Sicily," in *An Economic Survey of Ancient Rome*, ed. Tenney Frank (Baltimore: Johns Hopkins Press, 1937), III, pp. 292-293。

49. 在叙利亚，一些罗马道路并没遭到多少破坏；它们只是被弃用了。Forbes, *Ancient Technology*, II, p. 150.

骆驼驯化的起源

　　骆驼最初的祖先生活在北美，那是哺乳动物在动物界刚开始变得重要的始新世时期。看看那只有兔子大小的纤细骨骼，很难想象它会进化成今天这样巨大、古怪的样貌。[1] 事实上，骆驼在西半球现存的近亲美洲驼（llama）、羊驼（alpaca）、原驼（guanaco）和骆马（vicuna），更像是最初的原标兽（Protylopus）的后代，因为它们既缺乏弯曲的长颈，也没有存储脂肪的驼峰，而这两者才是骆驼最突出的特征。骆驼的这些特征，以及其他那些不甚显著但为骆驼所独有的特征，究竟如何发展出来，我们所知有限。在持续了约 50 万年、结束于约公元前8000 年、带来了一次又一次冰川作用的更新世时期，骆驼属（camelus）作为独立的属出现了。某一次冰期中，海平面下降，白令海峡露出海底，使得由北美到亚洲的陆上迁移成为可能，骆驼就此进入东半球，并在那里繁盛起来。它们留在北美的表亲们，有的向南迁移，有的走向灭绝。

从大西洋到俄罗斯和中亚，通过对多个不同时期遗址的发掘，发现了许多不同种类的史前骆驼遗骸。这些遗存尽管证实了骆驼从最初进入的东西伯利亚向外大大扩展的生存范围，但不能说明这样大的范围内骆驼是什么样子的。比如，我们无法从骨骼结构中获知，那些骆驼有一个、两个还是根本没有驼峰。将这些史前遗骸归类成单峰驼或双峰驼，几乎仅仅基于两个物种在后来历史时期的分布，尽管有充足证据显示其地理分布曾发生重大改变。

史前骆驼在撒哈拉沙漠地区的灭绝，无疑是骆驼在东半球分布中最迷人的问题，须知撒哈拉沙漠从亚洲重新引进骆驼之后，多个历史时期已经证实骆驼完全能够在那里存活。被驯化的单峰驼重新进入撒哈拉并得以繁盛的事实，导致那里的史前骆驼遗骸也都被归类为单峰驼，然而合乎逻辑的解释是，未能幸存的史前动物属于不同的种类，这一解释为将在第六章举出的证据所支持，那些证据指向历史时期双峰驼分布范围的严重缩水。换句话说，已知广泛分布于欧亚非大陆的史前骆驼各种类，因环境适应的需要，很可能更接近如今的双峰驼而非单峰驼。

许多研究者观察到单峰驼在胎儿发育时经历过双峰阶段，提出单峰驼是由双峰驼进化而来，也有人基于双峰驼与单峰驼

杂交的数据认为所有骆驼都具有双峰的遗传能力。[2] 然而，驼峰
的数量可能没有其他特征重要，正是这些特征决定了双峰驼对
寒冷微湿气候和单峰驼对炎热气候明显更强的适应力。

对骆驼的实验大多局限于单峰驼，可惜并无确定证据证
明，双峰驼与其近亲共享那些独特的对干燥和高温的适应。[3] 骆
驼饲养和使用者传统上相信，单峰驼在寒冷微湿的气候中难以
繁盛，而双峰驼在极端炎热气候中也难以繁盛。这一间接证据
表明，两个物种在生理上的区别足够大，以至于影响了二者的
地理分布。[4]

当然，两个物种共享那些最易察觉的环境适应能力，这说
明了共同进化。二者都在驼峰中储存脂肪；都有长长的脖颈以
适应以灌木和乔木进食；足部都带肉垫以适应沙地而不太适合
泥地，尽管它们内部又分化出不同类型的驼掌以适应石地或山
地[5]；都能在无水情况下长距离行走，尽管它们内部也有差异，
某些类型需要饮水的次数更多[6]。从这些共同特征可以产生史前
骆驼的印象：生活于多灌木的半干旱地区，柔软的脚和笨拙的
奔跑方式导致它们对捕食者几乎完全没有防御力，生存主要靠
能在荒漠地区生活，并且不经常出现在容易为狮子或其他敌人
捕食的水源地区。[7] 当捕食动物所施的压力逐渐增大，适应沙漠
生活的价值愈发凸显，但骆驼似乎难以有效在新生的沙漠如撒
哈拉藏身。最早的撒哈拉岩画描绘了目前仅见于沙漠以南的动

物，如大象和长颈鹿，但没有骆驼，大概那时骆驼就因被捕食
及未能完全适应沙漠生活而灭绝了。

单峰驼和双峰驼这两个物种的分化应当与温度有关。比起
单峰的表亲（因为不存在野生单峰驼所以无法做野生驼比较），
被驯化的双峰驼颜色更暗，毛更多，腿更短，这些特征与生活
在炎热沙漠中的动物颜色更浅、毛更短、肢更长的倾向有关。
单峰驼另外有两个有趣的特征，一是皮肤弹性更好，二是显而
易见地只有一个驼峰而非两个。这两个特征与环境温度之间可
能存在如下联系：

不同于民间一般所信的以及早期科学理论所宣称的，骆驼
并不是在体内储存（store）水，而是节约（conserve）用水。而且，
它们用多种方式节约用水。[8]骆驼高效的肾脏能够密集处理液态
废物的杂质。脱水影响体液而非血液。一次性大量补充的水，
在 48 小时之内遍及全身各组织，而饮水量通常与脱水所丢失的
水量相当。但骆驼能够在炎热气候中生存，最重要的能力是通
过提高体温吸收热量而不产生副作用，炎热的白昼中体温提高
超过 6 华氏度而不出汗，大大减少了排汗所导致的水分流失。
骆驼的体温在沙漠寒冷的夜晚降至正常水平，以备第二天再次
升高。这一独特的适应在双峰驼身上还没有得到实验的证明。

一般而言，炎热环境的动物都是通过降低血液温度适应环
境。动物如果通过排汗降温，其皮肤面积相对身体大小的比率

31

会很高，这样一来单位平方英寸皮肤散热量更少。非洲象的大耳朵就是这种适应的典型。然而，这一准则不能简单适用于骆驼，因为与保水准则相矛盾。根据保水准则，只有吸收了最大限度的热量之后才开始排汗。事实上，应当提出相反的准则，这一准则所偏好的结构，是通过皮肤面积相对身体大小较低的比率来缓慢提高体温。[9] 吸热越慢，流汗就开始得越晚，从而延缓水分流失。如果这一准则实际有效，那么将双峰合并成单峰（或后峰的发达及前峰的退化），就恰当地解释了这一准则，因为单峰的皮肤面积比双峰小得多，而双峰体积之和与单峰相同。解剖学上这一变化并不显著，因为驼峰并无骨骼结构。此外，饥饿时双峰驼的驼峰萎软倒伏，而单峰驼因其皮肤更具弹性，驼峰只是持续坍缩但不会萎软，这一事实也证实了前述准则。[10]

　　如果不经过科学实验的验证，特别是如果不考察双峰驼对高热和脱水的适应，就不能确知两种已知的骆驼物种的真实进化过程。前述适应高温发生分化的理论充其量只是貌似合理，不过，为骆驼驯化之初的地理分布提供了一个解释。到公元前3000 年左右，骆驼在非洲几乎已绝迹，作为野生动物在中东和中亚可能也已不大常见。石器时代遗址中偶见骆驼遗骨，不过考古报告几乎从未视之为野兽。[11] 很可能，骆驼在其分布的大部分地区因被捕食而趋于灭绝，仅仅幸存于某些干旱荒漠。

　　然而，北非和中东也都在变干。当阿拉伯半岛的沙漠越来

越干旱，不适应炎热气候的骆驼可能灭绝或外迁，零星剩下的
骆驼被隔绝于水分条件较好的半岛东部和南部。如果单峰驼是
从双峰驼演化而来，那么这种演化似乎更可能发生在阿拉伯半
岛，因为单峰驼最早存在的证据就在那里。不适应炎热气候的
骆驼（大概就是双峰驼），难以在阿拉伯半岛北部存活，幸存者
（包括单峰驼）逐渐适应了高温，从而适于迁移至新发展出来
的、缺乏大型捕食动物的阿拉伯炎热荒漠。因此，对新石器时
代的人类来说，骆驼呈现两种类型：在美索不达米亚、安纳托
利亚、伊朗和更东方的地区，骆驼是一种不常见的胆小动物，
集中在沙漠地区，可捕猎食用；在阿拉伯半岛，骆驼是一种常
见的动物，特别适应炎热沙漠，相对而言不那么胆小，因为这
里除人类外别无捕食动物。人与骆驼的这两种史前联系，都可
能但不必然导致驯化发生，但在此仅探讨单峰驼，对双峰驼的
进一步探讨详见第六章。

　　和其他所有事情一样，骆驼驯化的起源问题传统意义上开
始于《创世记》。埃及法老为将萨拉（Sarah）纳入后宫而给亚伯
拉罕的贿赂中，有绵羊、牛、驴和骆驼。接下来，亚伯拉罕派
他最年长的仆人带着十峰骆驼去为以撒（Isaac）娶一个妻子，
这位仆人最终选中了利百加（Rebekah）。因为当他在一口井边
停下来让自己和骆驼喝水的时候，利百加是第一个来到井边提
供帮助的少女。一峰骆驼一次可以喝多达 28 加仑的水，因而款

35

待陌生人的由十峰骆驼组成的驼队饮水，可能确实体现了一个候选妻子的美德。[12] 到了下一代，骆驼再次出现，雅各（Jacob）的妻子拉结（Rachel）把她从父亲那里偷来的神像藏在骆驼的驮篓里并坐在上面。又过一代人，约瑟（Joseph）被嫉妒他的兄弟卖给了路过的从基列（Gilead）来的以实玛利（Ishmaelite）商人，他们的骆驼驮着香料和乳香。[13]

这些文献反映的骆驼使用模式与稍后的中东社会高度一致：骆驼构成彩礼的一部分，骆驼组成的小型商队从巴勒斯坦穿过沙漠到伊拉克，将乳香运到埃及，女人坐在驮着露营物品的骆驼上。然而，研究《圣经》历史和巴勒斯坦考古的最杰出专家之一 W. F. 阿尔布莱特（W. F. Albright）断然拒绝包括原始文本和推理图景在内的整个想象，他对骆驼驯化的看法广为接受。[14] 阿尔布莱特认为，在亚伯拉罕时代提到骆驼是赤裸裸的时代错置，这是后世教士篡改早期文本以迎合改变了的社会条件的产物。他坚持认为亚伯拉罕时代的闪米特人饲养绵羊、山羊和驴，但不养骆驼，因为骆驼当时还未被驯化，直到大约公元前1100—前1000 年，骆驼才随着基甸（Gideon）骑骆驼的敌人米甸人（Midianites）进入《圣经》历史的轨道。[15]

许多专家接受了阿尔布莱特坚持并反复强调的这一时间点，但它绝不是毫无争议的。驯化的早期阶段可以向前推数个世纪。[16] 尽管一些研究骆驼驯化史的学者忽略或并未察觉阿尔布莱特的观点，但对这一问题的分析大多打上了这一观点的烙印。关于最初驯化时间的讨论，往往集中于亚伯拉罕时代的骆驼究竟是真实的还是后加的这一问题。这样，公元前 1100 年以前对驯化骆驼任何真实或想象的描述，要么被阿尔布莱特的挑战者们抓住作为决定性的证据，要么被其支持者视为伪造或时间错置，没有人把这些材料纳入真实的驯化过程及其社会影响中来考察。

没有理由质疑阿尔布莱特的这一论点：驯化骆驼首先在公元前 11 世纪的叙利亚和阿拉伯北部沙漠变得重要。正如我们即将看到的那样，有很多支持该论点的证据，包括早于这一时间的圣地考古遗址中并无骆驼遗骨，这也是阿尔布莱特最初的依据。但另一方面，我们不必将这一时间确定地视为骆驼驯化开始的时间。细究驯化过程，其实骆驼早在公元前 1100 年之前很长时间就被驯化了，不过是在阿拉伯半岛南部，而非驯化实践尚未进入的北部，尽管相关证据可能出现在阿尔布莱特提出的时间点之后。

现代人类学研究证实了一个显而易见的道理，即人类与骆驼一起生活不止有一种方式。骆驼可以用来产奶、骑乘、驮运、食用、犁地、拉车、交换物品或妻子、在动物园展览，或被制成凉鞋和驼毛大衣。没有哪个养骆驼的人群把这些事做个遍，骆驼多个用途的重要性在两个不相关人群之间也有差异。

37

有些用途，例如食用，并不意味着驯化，因为这对野生的和被驯化的骆驼都适用。而另一些用途，例如骑乘和牵引则意味着彻底的驯化。只有追踪养驼人的不同使用模式，才能更好地理解骆驼的驯化、散播过程及其历史影响。

在理想状况下，这一研究应当采用现代人类学调查的技术，但从现代骆驼饲养研究来以今推古有其脆弱之处，而早期史料又极少能展现出现代人类学的复杂性。因此，本章和之后各章重建的早期骆驼史假说，其核心将聚焦于一种不同的研究路径，即技术史的方法。

技术史家共有一些特定的偏见。相对于文献描述，他们更喜欢与手工制品或图像打交道。他们相信技术变革很大程度上是逐渐发生的，在一种设备或工艺流程和发生任何重要进步的同一种设备或工艺流程之间，通常存在至少一个未被发现的中间阶段。相对于同时发现或平行演化的理论，他们更倾向于文化传播理论，即将技术发展与某个可以在时间或地理意义上追溯起源的传播链条联系起来。当然，在有说服力的证据面前，他们总是乐于抛弃这些偏见，但偏见影响着研究所采取的方向，对骆驼的研究便是如此。

从未有人从头到尾目睹某种动物驯化的全过程，但导向完全驯化的不同阶段已被分别观察。例如，澳大利亚土著与澳洲野犬（dingo）之间的关系就代表了一个半驯化的阶段，甚至如驯鹿

那样的重要的放牧动物（herd animal）也没有牛的驯化彻底[17]。　38
通过这样的观察，人们尝试在理论层面重建驯化全过程，但很
难适用于某些特定动物，如骆驼。但我们仍应牢记驯化理论研
究的某些结论。第一，驯化一种野生动物需要非常长的时间，
几乎一定需要数个世纪，尽管因物种不同而用时各异。第二，
一种动物只有在驯化的最后阶段才可能用来骑乘、驮运或牵
引，之前它太野蛮了，尽管这里还是有特例，比如野生的斑马
可以直接用来牵引。第三，在驯化的早期阶段就可以使用动物
制品，例如肉、奶、织物、皮革、粪便等，而且可以发生在动
物还完全野生的时候。[18] 在驯化的每个阶段，人们都以某种方
式使用工具，但只有在相当高级的阶段这些工具才能专门化，
用于不同种类动物的工具才分化开来。同一柄石斧可以杀死一
匹野马或一峰野骆驼，但如果有人试图把马蹄铁钉进骆驼柔软
的脚，他保准会得到粗暴的"惊喜"。就手工制品而言，早期用
于骆驼的工具还全无证据。不过，相对晚近的工具的发展，可
以透露一些早期阶段的信息。

令人惊讶的是，当今骆驼使用的最原始模式出现在索马
里和东非之角的相关人群中。[19] 东非之角目前分成了三个国
家：埃塞俄比亚、索马里和法属阿法尔和伊萨领地（Territoire
français des Afars et des Issas，即今吉布提——译者注），在阿拉
伯半岛西南角的对面形成了一个三角形，三边分别是东边的印

度洋、北面的亚丁湾和西面高达 10000 英尺的埃塞俄比亚高原
的崇山峻岭。虽然朝北的海岸线由狭窄的平原构成，背后便是
超过 5000 英尺的山峰，朝东的海岸线几乎都是无港的沙漠，但
这一地区内部非常适合骆驼生存，灌木植被丛生，过于干燥而
不适于他用。

40
今天仅索马里就有超过 400 万峰骆驼，这还不算相邻的肯尼
亚北部、埃塞俄比亚东部和北面的埃塞俄比亚属厄立特里亚。[20]
因此，东非之角成为世界上最大、最密集而又最鲜为人知的骆
驼分布区。索马里及相邻地区骆驼文化最显著的特征就是这一
事实：不像其他养驼人，他们从不骑乘骆驼。尽管英国人和意
大利人提供了充分的证据证实索马里骆驼适于骑乘，事实上也
发现一些加入殖民地军的索马里人愿意骑骆驼，但索马里人对
骑骆驼的兴趣过去和将来都不存在。他们抱怨说，这很容易使
他们成为靶子。[21]

除了对骑骆驼不感兴趣，索马里骆驼文化还有其他突出特
征。其一，超乎寻常地依赖骆驼奶作为主食，特别是旱季生活
在离家很远的牧场，几乎没有其他食物。其二，除北部有限
的商队贸易外，骆驼很少用来负重。[22]一些骆驼用来将营地物
品——例如构成索马里房屋框架的弯杆——从一个营地搬到另
一个。大多数骆驼仅仅以财富和营养来源的形式存在。索马里
驮鞍几乎是独一无二的，仅仅与后文将讨论的索科特拉岛（the

island of Socotra）上使用的驮鞍相关。

很难仅仅将这些视为地方特质，因为骆驼对这一地区而言当然是外来的。问题在于：非洲之角的骆驼是从哪里来的？什么时候来的？索马里独特的骆驼使用模式指明了答案。

从骆驼的视角看，非洲之角与其说是一个三角，不如说是一个孤岛。南面，索马里采采蝇的分布从北纬 4 度开始，尽管其分布范围并不连续，也有效地构成了骆驼向南散播的阻碍，而且南面的高湿度会使骆驼难以繁衍生息。西面是高耸的埃塞俄比亚高原，其他地区有山地类型的骆驼，骆驼也可能适应山地环境，但埃塞俄比亚高原并无骆驼繁衍生息的证据。[23] 东面当然就是印度洋、亚丁湾、红海口的曼德海峡和红海。这一地区北端的红海海岸一线，埃塞俄比亚高原与大海相接处，是骆驼去往非洲其他地区的唯一陆上通道。而这一地峡南面，就是令人生畏的、荒凉而干旱的达纳基尔（Danakil）地区，或称阿法尔三角区（Afar triangle），那里即便对骆驼来说也远远算不上什么好地方。[24]

在如此隔绝的地理条件下，骆驼只有两种合理的途径可以进入非洲之角：要么是陆路沿海岸线向南，这样就是苏丹或撒哈拉骆驼文化的分支；要么就是从阿拉伯半岛泛海而来。索马里独特的骆驼使用模式事实上排除了前一种可能性，因为苏丹和撒哈拉所有的养驼人都骑骆驼，实际上他们还发展出多种只

41

能用于骑乘的鞍具。[25] 驮鞍设计上北方也与索马里完全不同，尽管那里的骆驼也大量用作驮畜。索马里人和海岸地峡北端的贝贾（Beja）养驼人在族群关系上的亲近当然毋庸置疑，但同样毋庸置疑的是索马里人是非洲之角的后来者这一事实，索马里人晚于骆驼来到非洲之角，他们只是接受了当地的骆驼使用模式。今天生活于海岸地峡北端山丘上的最靠南的贝贾人和地峡南端最靠北的部落都放牧牛而非骆驼，没有理由认为苏丹骆驼和索马里骆驼间的断裂没有很长的历史。[26]

最后，生理方面，骆驼的繁殖周期主要取决于雄驼每年在最好的放牧季节长达两到三个月的发情期，以及雌驼十二到十三个月的妊娠期，这就导致交配和生产时间重叠。尚不清楚是什么引发发情，不过因为发情期多在雨季，不同地点雨季月份也不尽相同，而且因为骆驼在潮湿气候中似乎繁衍得不好，所以发情一定与湿度有关。[27] 无论发情的确切动因是什么，当骆驼迁移到一个与之前雨季月份不同的地区后，几乎完全停止了繁殖。[28] 索马里和苏丹的气候规律就存在这样的差异。苏丹夏季降水，喀土穆七月和八月最潮湿；索马里的气候则由夏季季风主导，最丰沛但也并不太多的降水发生在五月和六月，十月、十一月和十二月也有少量降水。这样，海岸地峡北面的养驼人一旦发现骆驼繁衍受到不利影响，就不会尝试和他的牲畜向南进发。

考察阿拉伯半岛这一选项时，人们肯定会注意到前述索马里和撒哈拉两地骆驼使用的区别同样适用于阿拉伯半岛，可是阿拉伯半岛南部也是由夏季季风主导，所以才会是索马里骆驼文化更可能的来源。[29] 此外，骆驼引进北非的时间大致明确，通过当时的岩画和雕刻，可知骆驼引进时的使用方式与今天的撒哈拉部落大体相似。[30] 基于此，索马里骆驼使用模式不可能复制自撒哈拉或苏丹人使用被驯化的骆驼的早期阶段。阿拉伯半岛则相反。骆驼本就是阿拉伯半岛的土著，今天或历史上可确定的骆驼使用模式很可能都来源于阿拉伯半岛骆驼驯化的早期阶段。所以，索马里骆驼最可能来源于阿拉伯半岛南部，那时该地的骆驼驯化还处于相对早期的阶段，这个阶段在其发源地被超越之后，在与世隔绝的索马里保存了下来。

理想情况下，我们应当从这里推知一些关键信息。知道了骆驼引入非洲之角的时间，可能会帮助确定骆驼驯化早期阶段的时间，正如引进的来源的准确地域可能会帮助我们确定骆驼驯化早期阶段的地点。不幸的是，这样的研究路径很难遵循。前文述及，索马里人和跟他们有亲缘关系的人群如北方的阿法尔人等在历史舞台上出现得太晚，无法将他们认定为骆驼最初的引进者。16 世纪前后，索马里人向南推进，占领了索马里兰（Somaliland）大部分地区，赶走了之前在这里的，同样也与他们有亲缘关系的盖拉人（Galla），盖拉人出自北方人更早的一

43

波扩张。今天盖拉人只养很少的骆驼，主要养牛。至于盖拉人之前的居民，其幸存者可能融入了索马里南部朱巴河（the Juba river）和谢贝利河（the Shebelle river）之间的尼格罗人，不过这远远谈不上定论。

这一极粗线条的民族史与几乎同样模糊的岩画和雕刻证据并不完全合榫。J. D. 克拉克（J. D. Clark）将索马里小型岩画划分为三期，他使用了为确定撒哈拉沙漠中相似艺术的相对年代而发展出的多种技术。[31] 第一期岩画描绘了养长角牛的畜牧人群的社会，与撒哈拉艺术的某些类型很接近。其中没有骆驼。第二期岩画还有长角牛，但有了骆驼，以及一种现存于索马里和盖拉的瘤牛（zebu）。这一期岩画是否描绘了马还存在争议。第三期岩画显然属于晚近的历史时期，包含了现在仍在该地的部落的印记。

前两期的年代难以确定，但和骆驼一起描绘出来的家畜能提示一些信息。很重要的一点是，马只出现在第三期，严格说来即"索马里类型"。马在早期岩画中不存在，进一步证实骆驼并非从北面进入非洲之角，因为撒哈拉岩画中马的出现比骆驼早得多。如果骆驼早于马出现，却比长角牛出现得晚，也不一定早于瘤牛。不幸的是，这与唯一可确定年代的图像证据不相吻合。这一图像证据即哈特谢普苏特女王（Queen Hatshepsut）在卢克索（Luxor）对岸建立的王陵停灵庙（Deir al-Bahri）的浮雕，

该浮雕展现了公元前 1501—前 1479 年女王派出探险队远征蓬特
（Punt）的情景。难以确定蓬特是在索马里、阿拉伯半岛南部还
是兼有两者；但既然这里讨论的问题是两地间可能的联系，确
定性就无关紧要了。重要的是当时蓬特地区长角和短角牛而非
瘤牛繁盛的事实。在索马里现已消失的短角牛的形象，在阿拉
伯半岛南部和索马里都曾出现，[32] 但克拉克在其三期框架中没
有提到它们，所以无法由此讨论短角牛和骆驼孰早孰晚。

　　短角牛出现于阿拉伯半岛南部、索马里和蓬特，无论其具
体地点何在，都指明短角牛引进的路线大概是从印度或伊朗经
由阿拉伯南部跨海进入非洲，基本上与这里提出的骆驼引入索
马里的路线一致，尽管后者是以阿拉伯半岛南部为起点。索科
特拉岛上的矮种短角牛持续存在至今，是对这一观点的进一步
论证。索科特拉岛是印度洋一座长 80 英里的多山岛屿，西距
东非之角的尽头瓜达富伊角（Cape Guardafui）130 英里，西北
距阿拉伯半岛南海岸 190 英里。设想存在这样一个活跃的海上
贸易网络，就是顺着季风从非洲东海岸到阿拉伯半岛南部、波
斯湾和印度，这也是古时人与动物迁移的可能路径。[33] 公元前
3000 年后半期，短角牛一定被从阿拉伯半岛到带了非洲，因为
它已经出现在中王国时期（前 2200—前 1788）的埃及艺术中。
大致同时，矮种牛的祖先可能已经登上了索科特拉岛。索科特
拉岛、索马里和阿拉伯半岛海岸上的佐法尔（Dhufar）地区是

世界高质量乳香三大产地。既然公元前 3000 年起埃及人就派出探险队泛海从蓬特带回乳香，那么很可能，去往阿拉伯半岛或索马里或在两者之间穿梭所必经的索科特拉岛上，定居着乳香采集者，他们靠这些牛来维持生计。[34]

很可能，正是作为这个海上乳香贸易扩张的一部分，骆驼到达了索科特拉岛和索马里，当然也可能稍晚才来，因为索马里岩画描绘的骆驼是与瘤牛一同出现的。[35] 索科特拉岛上发现的唯一能断代的石雕描绘了骆驼，但它不会比公元前 10 世纪早很多。[36] 然而，也不应忽视约公元前 1500 年长角牛和短角牛在蓬特的共存，以及索马里岩画第二期所见长角牛和瘤牛的共存。瘤牛最终代替了索马里的两种牛，因此第二期描绘的共存阶段可能就代表了瘤牛引进的早期。可是，似乎瘤牛与马一样从未登上过索科特拉岛，这表明在人们最初的定居和开发之后，作为乳香岛，索科特拉岛很少再有新物种进入。[37] 正如我们即将论述到的，骆驼到达过索科特拉岛，到达时其驯化阶段更接近索马里骆驼而非阿拉伯半岛南部的骆驼。因此，可以尝试性地进行这样的推断：骆驼大致同时来到索马里和索科特拉岛，与短角牛的引进时间相同或稍晚，但无论如何早于瘤牛。似乎公元前 2500—前 1500 年中的某个时间比较合理，但这必须由下一章要举出的更多材料来检验。

现存最原始的骆驼使用模式是在索马里，而它的来源显然是在阿拉伯半岛南部某地，尽管这种模式在索马里无疑发生了某些变化。[38] 而在阿拉伯半岛南部，最可能的起源地是在中心区域的哈德拉毛（Hadhramaut）、马赫拉（Mahrah）和佐法尔。尽管半岛西南角的也门最靠近非洲，但过于潮湿，且较多山地，不宜骆驼生息。[39] 哈德拉毛、马赫拉和佐法尔更东面的马斯喀特和阿曼离非洲太遥远，亦不在考虑之列。值得一提的是，和今天一样，希腊化时代索科特拉岛接受来自阿拉伯半岛沿海的统治，[40] 阿拉伯半岛南部佐法尔以西很远的地方都没有索科特拉岛和索马里北部生长的乳香树。

　　哈德拉毛地区（也包括马赫拉和佐法尔）可能是索马里和索科特拉骆驼文化的源头，不过这个事实本身不能证明骆驼首先在阿拉伯半岛南部被驯化。[41] 只是，那里的骆驼驯化似乎早于阿拉伯半岛北部和叙利亚。可以想象，骆驼驯化发生在半岛的其他地方，被引入哈德拉毛。但必须排除叙利亚沙漠、阿拉伯沙漠北部和阿拉伯半岛东部巴林以北的海岸绿洲，因为这些地区为美索不达米亚和地中海黎凡特海岸地区有文字记载的社会所熟知，正如阿尔布莱特所言，骆驼饲养如果为靠近定居社会腹地的人群所知，就不可能在公元前 11 世纪以前既未进入文字记载也未留下物质印记。确实，有人举出早期美索不达米亚的一两个骆驼图像，但它们要么究竟是否骆驼尚属疑问，如乌尔第三王朝（the third dynasty of Ur，前 2345—前 2308）的马形泥板[42]，

46

要么只是野生动物而非经过驯化，如欧贝德（Ubaid）和乌鲁克（Uruk）时期（前4000—前3000）的少数例子[43]。

剔除前述因气候原因不宜骆驼生息的也门，只剩下阿拉伯半岛中部和汉志（Hijaz，即红海沿岸高原）是骆驼驯化可能的发源地，而这些蛮荒之地最大的问题在于动力与可行性。在骆驼驯化之前，除生活在沙漠中央的人群外，生活在沙漠北部边缘的牧民已经很熟悉驯养的绵羊、山羊、牛和驴，这些家畜已可分别满足任何能够想象到的目的。当然有人会提出，是一些边缘人群被迫进入沙漠，他们出于需要驯化了骆驼，但这必须解释他们是如何成功度过了骆驼还很野蛮的驯化早期阶段。经常有人说在沙漠深处没有骆驼是活不成的，但更准确地讲，应该说没有驯养骆驼是活不成的。那些不知道如何在沙漠中生存也没有人教他们如何在沙漠中生存的人，进入阿拉伯沙漠必定九死一生。很难想象一群人在阿拉伯半岛中部或汉志驯化了骆驼。[44]他们来自何方？为何而来？如何在那里生存足够长的时间以驯化骆驼？

面对这些令人困惑的问题，阿拉伯半岛南部起源说的说服力就更强了。迟至7世纪的阿拉伯传说中，甚至都包含暗示骆驼驯化起源于阿拉伯半岛南部的内容。其一是《古兰经》和贝都因诗歌中广为人知的譬喻：骆驼是沙漠之舟。[45]一方面，这一意象对任何熟悉海的人都显而易见。而另一方面，格外不同寻常的是，使用这个譬喻的人群与海并无联系，对海一无所知，很少使用与海相关的意象。不难设想，整个概念都可追溯到阿拉伯半岛南部的航海人群，而红海海岸从未发展出重要的航海传统。

还有一条更有分量的线索，阿拉伯民间信仰将骆驼与精灵紧密联系在一起，精灵住在沙漠里，时而好善乐施，时而心肠歹毒。根据不同的传说，骆驼与精灵有亲缘关系[46]；骆驼与人、海和东南西北风并为精灵的四大组成部分[47]；骆驼是用精灵的眼睛创造的[48]；骆驼是从魔鬼造出来[49]。类似地，骆驼的住地据说是魔鬼常去的地方，因而不适于祈祷，相反绵羊和山羊的羊圈则很吉利。[50] 同时，也有许多表彰骆驼优点的传说。精灵传说或可追溯到阿拉伯人没有骆驼的时期，那时他们知道骆驼是生活在沙漠中的其他人群的财产，而他们自己跟他们的绵羊与山羊都是进不了沙漠的。与阿拉伯半岛南部的联系来自另外一些传说，这些传说与传说中的野骆驼（ḥūsh）有关，它们生活在传说中的瓦巴尔（Wabār）。该地从前居住着阿德人（ʿĀd），上帝毁灭了他们之后将这片土地给了精灵。据说这些野骆驼与精灵的骆驼交配，生育了名为马赫里（Mahrī）、乌玛尼（ʿUmānī）、伊迪（ʿĪdī）、阿斯扎迪（ʿAsjadī）或达哈比（Dhahabī）的品种。[51] 研究者对瓦巴尔的所在各执一词，但总归是在阿拉伯半岛南部，[52] 那些祖先是精灵的骆驼品种分别属于马赫拉、

48

阿曼和伊德（ʿĪd）部落，后者是马赫拉部的一支。[53]第四个品种的名称意为"含金的"，但不确定它有何重要性。值得注意的是，即使到今天，马赫里和乌玛尼骆驼都被归类到阿拉伯半岛最适于骑乘的骆驼之列，"马赫里"一词在北非专指良种骑乘骆驼。

因此，骆驼最初驯化于南方这一观点，得到了阿拉伯民间传说的支持。阿拉伯人视骆驼为神秘的异己人群的动物，这些人群的神灵可能被吸收进了已存的精灵一类。但回到可行性的问题，骆驼在哈德拉毛是如何被驯化的？动机是什么？驯化者是谁？不幸的是，最后一个问题完全无法回答。最早的闪米特人，即说大家知道的南闪米特语言的人，似乎直到公元前16世纪才到达阿拉伯半岛南部，那里之前居住着什么人还是个谜。[54]目前的考古资料在公元前5000年和这个时间点之间存在空白[55]，但一些被隔绝在索科特拉岛这样的地方、族群属性上与众不同的人群，可能是闪米特人到来之前该地人口的孑遗[56]。

这些早期人群可能居住在海岸地区或河谷地带，比如气候宜人的哈德拉毛谷地，以打猎为生，也靠海吃饭。对阿拉伯半岛波斯湾沿岸一个那时的垃圾堆的发掘，显示当时的人吃野骆驼，但更重要的肉食是儒艮，也就是海牛。[57]一个人如果打算远离海洋、突破环境限制，就必须有一些维持生计的动物，而阿拉伯半岛南部大部分地区如今都极端荒凉，以前或许更甚。

这里的人们经航海与他乡接触，已熟知其他社会驯化动物的例子，但在干旱的丘陵地带和更远处的沙漠中，绵羊、山羊和牛无法正常生存，难以支撑较大人口。因此，在哈德拉毛谷地这样的地方，既然靠海足以维持生计，那么就既有动机又有时间来驯化这种身形巨大、相貌丑陋、在内陆腹地狂野奔跑的动物，更何况这种动物可能早就因生活在无天敌的环境中而半驯化了。

狩猎与驯服的中间阶段只能猜测。可能缺水使得在水源地抓野骆驼变得简单，也可能用食物做诱饵，即使到今天这一地区的人们都会用干鲨鱼和沙丁鱼饲养骆驼，这在全世界都是绝无仅有的。[58] 但不论用什么办法，早期驯化的最初目标是可以确定的，就是驼奶。[59] 索马里骆驼使用模式已经说明了这一点，哈德拉毛沿用至今的骆驼使用模式也进一步证实了这一结论。南部的阿拉伯人更多使用骆驼作为驮畜，也用来骑乘，在这一点上他们比索马里人先进。但他们都以驼奶作为主食，为了使可用的驼奶量最大化，他们会杀死大部分刚出生的雄性幼崽。[60]

想象一个沿海的渔民和水手社会，一旦他们的食谱中增加了驼奶，随后这个社会就会有一部分人将其全部精力集中于饲养骆驼和生产驼奶，形成一个亚社会（subsociety）。即便如此，骆驼的骑乘或驮运仍然不会自动发生。一方面，号称"空旷之地"（Empty Quarter）的鲁卜哈利（Rubᶜ al-Khali）沙漠规模巨大、

50

沙海辽阔，使哈德拉毛人难以用动物牵引的犁、四轮车和驮运驴子与北方新崛起的文明之间建立起直接的陆上联系；另一方面，航行在印度洋上的那种独特的独桅帆船（dhow），为哈德拉毛人运输其有限的贸易物资提供了更简易高效的方式。这种环境下，将重负放在骆驼背上的唯一理由只有解除自己的负担，而唯一需要减轻如此之多的负担只会与帐篷迁移有关。然而，对沿海或哈德拉毛谷地某种程度上的定居社会而言，既然驯化骆驼只是附带性质的，迁徙营地就不会是其日常特征。只有当人们放弃定居转向半游牧或游牧生活时，为遵循放牧周期，才会发生营地的定期改变。因而使用骆驼负重的动机，就预示着一个亚社会向纯游牧或几乎纯游牧社会的转型。

这个转型发生的时间，一定在骆驼引进索科特拉岛和非洲之角之前。渔民或沿海商人没什么理由将骆驼装船运输，只有出于某种目的迁徙的养驼人会想着携带如此笨重的财产。正如今天哈德拉毛的阿拉伯人自然而然地亲近海洋，这些族群很愿意卷起铺盖钻进独桅帆船，在东北季风来临前启航。[61]4000 年前一些养驼的人群，从独桅帆船水手那里听说海那边有更好的土地，于是决定迁徙过去。那片更好土地的最大吸引力，可能来自乳香和没药，此时它们刚刚漂洋过海传入埃及。

索科特拉岛和索马里最早的骆驼使用者所处的技术阶段，可以解释当下两地骆驼文化的特性。我们对索科特拉骆驼及其

用途了解相对较少，只知道它们似乎极为优良。[62] 值得注意的
是，两地使用的驮鞍类型基本相似。除此之外，索科特拉人在
包括语言在内的几乎每个方面，都是阿拉伯半岛南部文化的延
伸，而与索马里文化无关。

英国主治骆驼的军医里斯如此描述索马里的驮鞍：

> 事实上，它根本就不是鞍具，只是一堆垫子，大致三
> 层，放在骆驼背和驼峰之上，一层叠一层，用一根长绳（长
> 30 英尺，误差 1—0.5 英寸）捆在一起拴在那里，绳子一直
> 绕过骆驼腹部和尾巴。在朱巴兰（Jubaland）地区，即索马
> 里南部朱巴河流域，一对木棍交叉着放置在肩隆（withers）
> 之上，作为鞍具的拱或骨架，木棍用绳子固定；桑布尔人
> （Sambur）则用两对木棍，分别安置在驼峰的前后。[63]

威尔斯泰德（J. R. Wellsted）和之后的詹姆斯·西奥多·本
特（James Theodore Bent）都描述了索科特拉鞍具，可以比较
一下：

> 我只能谈谈放置我们行李的独特方式：与埃及和阿拉
> 伯习惯将行李挂在两侧不同，他们在驼峰上沿着后背铺上
> 连续的薄毛垫，用绳子将骆驼的后背捆成脊状，然后将若

干物品放置在两侧的长筐中，筐上放着我们的床，离地 13
英尺，如同鞍子一样，我们就坐在这样的床上。[64]

　　索科特拉驼工是最灵巧的行李装载者。他必须首先通
过在驼背上铺三到四层薄毛毡（或称 nummud）使驼峰变
平，然后在这个升高了的平台上把他的物品小心地装进篮
筐里……这些骆驼品种极为优良，站着时比阿拉伯骆驼高
得多。坐在铺在驼峰上的行李上，高得太不自然，一开始
我们感到很不舒服。[65]

55　　显然，索马里和索科特拉岛所用鞍具基本一致，地方性差
异只是前者用一种木棍做成框架，后者则用篮筐。在哈德拉
毛，人们偶尔也用编织的篮子装货物，但与更高级的驮鞍一起
使用。[66] 也应注意到，索科特拉岛并无专门用于骑乘的鞍具。
我们不知道索科特拉人是仅仅让欧洲客人坐在驮着行李的骆驼
之上，还是他们自己也会骑骆驼。

图 1　两棍的索马里式鞍具示意图　　图 2　索科特拉式骆驼鞍具示意图

对骆驼鞍具的这些观察，其重要性在于所描述的驼鞍设计非常低效，难以驮载很大重量。这类驼鞍之所以在这两个地区保存了下来，是因为两地在地理上与其他使用骆驼的地区相隔绝，又没有发展出商队贸易，因而没有改进驮鞍的需求。里斯写下了索马里式鞍具的五点缺陷：

1. 太重。骆驼在装货之前就要背负超过 90 或 100 磅的重量（雨后更重）。如果骆驼装的是印度式或阿拉伯式鞍具，就能减轻约 50 磅负重。

2. 不贴合体型，且骆驼的肩隆顶端有压力。驮工几乎不能防止骆驼肩隆酸痛。

3. 先装鞍具后装货花费许多时间，也需要额外的小心和技巧。

4. 骆驼负重跑太远的路，重量却不平衡。如果一侧的货比另一侧重，肩隆顶端两侧就很可能酸痛。

5. 骆驼臀部很容易擦伤。[67]

没有一份类似的对索科特拉式鞍具的分析，但索科特拉岛的驮工发现，阿拉伯标准下非常轻的、不超过 200 磅的负重（一个装有价值 500 英镑东西的一先令硬币的结实箱子），对一峰索科特拉骆驼来说都太重了，尽管在其他任何地方这样的重量肯定远未达到骆驼正常的最大负重。[68]

这样，鞍具设计成为另外一块砖瓦，增添到被驯化的单峰驼的故乡乃至阿拉伯半岛南部这一大厦的建设中。这个大厦存在许多裂隙，但这些裂隙终将被未来的考古调查填平。重要的是它解释了索马里和索科特拉岛骆驼饲养的起源和原始状态，并为下一章讨论骆驼饲养在阿拉伯半岛之外的扩张奠定了基础。基于可靠证据，前文将骆驼引进索马里的时间远溯至公元前2500—前1500年，根据已有材料，我们只能走到这里。骆驼及其主人跨越海洋，表明驯化已经到达某个特定阶段，别忘了之前的早期阶段也一定要花很长时间。把这些都考虑在内，理解和推断就比较容易了：骆驼驯化过程开始于公元前3000—前2500年。

注释

1. F. E. Zeuner, *A History of Domesticated Animals* (London: Hutchinson, 1963), p. 340和Ivo Droandi, *Il Cammello* (Florence: Istituto Agricolo Coloniale Italiano, 1936), pp. 3-25简要描述了史前时期骆驼的发展。

2. Droandi, *Il Cammello*, pp. 29-30, 39-41; Georges Dennler de La Tour, "Zur Vererbung der Höcker beim Kamel, Dromedary und Tulu," *Säugetierkundliche Mitteilungen*, 19 (1971), pp. 193-194; Viktor N. Kolpakow, "Ueber Kamelkreu-

zungen," *Berliner Tieraertzliche Wochenschrift*, 51 (1935), pp. 617-622.

3. 第一个解开了骆驼如何无水行走这一经年未解之谜的人是Knut Schmidt-Nielson教授，他最初是在阿尔及利亚和澳大利亚开展的研究，这些地方只有单峰驼。

4. 伟大的阿拉伯作家贾希兹（al-Jāhiz, 卒于869年）清楚地说骆驼（指阿拉伯单峰驼）在安纳托利亚死掉，因为那里比起骆驼的故土气候更寒冷潮湿。Kitāb al-Hayawān, ed. ᶜAbs as-Sallām Muhammad Hārūn (Cairo: mustafā al-Bābī al-Halabī, 1938-1945), III, 434; VII, 135. 在现代，Henry J. Van Lennep, *Travels in Little-Known Parts of Asia Minor* (London: John Murray, 1870), II, 163 也表达了同样的观点。一封署名为法国驻阿勒颇领事H. Pognon、时间为1899年1月8日的信件称，双峰驼（或者更精确地说是单峰驼与双峰驼的杂交种）缺乏耐热的能力，转引自F.-K. Lesbre, "Recherches anatomiques sur les camélidés," *Archives du Muséum d'histoire naturelle de Lyon*, 8 (1900), 138。

5. Leese, *The One-Humped Camel*, p. 51称山地骆驼有圆而硬的足，与之恰成对比，平原骆驼的足呈椭圆形而柔软。

6. 例如，尼罗河三角洲的骆驼就适应了时常饮水（Leese, *The One-Humped Camel*, p. 59），这普遍适用于河边的骆驼（p. 52）。阿曼的Bawātin骆驼据称每天都需要水。G. Rentz, "Djazīrat al-ᶜArab," *Encyclopaedia of Islam*, new ed., I, 541. 双峰驼中，布哈拉双峰驼需要时常饮水。Louis Dubeaux and V. Valmont, *Tartarie, Beloutchistan, Boutan et Népal* (Paris : Firmin Didot Frères, 1848), p. 18.

7. 根据希罗多德的记载（《历史》VII，125），色雷斯的狮子特别喜欢吃薛西斯（Xerxes）辎重队里的骆驼而非人或其他驮运动物，尽管那些狮子此前对骆驼并不熟悉。

8. 关于骆驼使用水这一问题的科学结论，有很好的总结，参见Knut Schmidt-Nielson, "Animals and Arid Conditions: Physiological Aspects of Productivity and Management," *The Future of Arid Lands* (Washington, D.C.: American Association for the Advancement of Science, 1956), pp. 368-382。

9. Schmidt-Nielson注意到："或许很重要的是，在脱水过程中，骆驼会通过将腿放在身体之下、驼峰纵向面对太阳光线方向的坐姿使自己的体表面积尽可能小的暴露在太阳辐射之下。" "Body Temperature of the Camel and Its Relation to Water Economy," *American Journal of Physiology*, 188 (1957), p. 108.

10. 单峰驼中，索马里骆驼的独特之处在于发展出可萎软倒伏的驼峰。Droandi, *Il Cammello*, p. 381.

11. Reinhard Walz, "Zum Problem des Zeitpunkts der Domestikation der altweltlichen Cameliden," *Zeitschrift der Deutschen Morgenländischen Gesellschaft*, n.s. 26 (1951), p. 43.

12. H. Gauthier-Pilters, "Quelques observations sur l'écologie et l'ethologie du dromadaire dans le Sahara nord-occidental," *Mammalia*, 22 (1958), p. 145.

13. 《创世记》12:14-16; 24:10-67; 31:17-35; 37:25。

14. 例如W. F. Albright, *Archaeology and the Religion of Israel* (Baltimore: Johns Hopkins Press, 1942), p. 96；同氏，*The Archaeology of Palestine* (Baltimore: Penguin Books, 1961), pp. 206-207。

15. 《士师记》6-8。

16. Reinhard Walz, "Zum Problem des Zeltpunkts der Domestikation der altweltlichen Cameliden," 这篇重要文章大体上赞成阿尔布莱特的观点。但另一方面，Joseph P. Free, "Abraham's Camels," *Journal of Near Eastern Studies*, 3 (1944), 187-193直接挑战了阿尔布莱特观点。Zeuner, *Domesticated Animals*似

乎无视了阿尔布莱特的观点。

17. A. Leeds and A. Vayda, eds., *Man, Culture, and Animals* (Washington, D.C.: American Association for the Advancement of Science, 1965), pp. 7-26, 87-128.

18. 骆驼每年春季脱毛，采集者不需要与骆驼接触，就可以从灌木和地上成簇地采集驼毛。

19. 很难找到有关索马里骆驼文化的系统性的信息。我用的主要是 I. M. Lewis, *Peoples of the Horn of Africa: Somali, Afar, and Saho* (London: International African Institute, 1955); L.G. A. Zöhrer, "Study of the Nomads of Somalia," *Archiv für Völkerkunde*, 19 (1964-1965), pp. 129-165以及I. L. Mason and J.P. Maule, *The Indigenous Livestock of Eastern and Southern Africa* (Farnham Royal: Commonwealth Agricultural Bureaus, 1960), pp. 4-8。

20. Lewis, *Peoples*, pp. 70-71; Zöhrer, "Nomads," p. 151.

21. Massimo Adolfo Vitale, *Il Cammello d I Reparti Cammellati* (Rome: Sindicato Italiano Arti Grafiche, [1928]), pp. 85, 237-238. Zöhrer, "Nomads," p. 150说"索马里共和国的游牧人认为骑骆驼的想法简直荒谬。"Sir Richard Turnbull是退休的北肯尼亚殖民地行政长官，他在一次访谈中评论说，索马里人对骑乘没有禁忌，但他们感到这会让他们成为活靶子。

22. Vitale, *Il Cammello,* pp. 85-86说："一群人迁移时，他们的所有骆驼都空载而女人扛着小件行李的现象并不罕见。"

23. 很好的山地骆驼存在于很多地方，例如也门和索科特拉岛。

24. Haroun Tazleff, "The Afar Triangle," *Scientific American*, 222 (1970), pp. 32-40.

25. 参见第5章。

26. Lewis, *Peoples*, pp. 174-175; A. Paul, *A History of the Beja Tribes of the*

Sudan (Cambridge, Eng.: Cambridge University Press, 1954), pp. 147f.

27. 例如，在塞内加尔，骆驼的分布密度与降水量呈负相关。R. Rousseau, "Le Chameau au Senegal," *Bulletin de l'Institut Fondamental d'Afrique Noire*, 5 (1943), pp. 69-79. 而在其他国家，还没有建立起如此精确的关系，但一般认为，骆驼依赖干燥环境繁衍。另一方面，决定双峰驼的交配周期的关键因素可能是温度。据我从莫斯科动物园、伦敦动物园和Whipsnade动物园收到的来信中说，双峰驼在莫斯科三月至五月交配，在英国则是十月或十二月至来年三月交配。伦敦和莫斯科在这两个时间段里的平均温度相近。单峰驼在伦敦一月至四月交配，在莫斯科三月至五月交配，但这些单峰驼来自不同地区，不像双峰驼都来自中亚。没有人研究过其他可能因素例如光照周期性或昼长的影响。

28. E. B. Edney, "Animals of the Desert," *Arid Lands: A Geographical Appraisal*, ed. E. S. Hills (London: Methuen, 1966), p. 193.

29. 阿拉伯半岛的亚丁和曼德海峡对面的柏培拉（Berbera）降水量最多的月份分别是二月至三月和三月至四月。阿拉伯半岛西海岸的吉达受另一个天气系统的影响，最潮湿的月份是十一月。

30. 参见第5章。

31. J. D. Clark, *The Prehistoric Cultures of the Horn of Africa* (Cambridge, Eng.: Cambridge University Press, 1954), pp. 311-315.

32. M. D. Gwynne, "The Possible Origin of the Dwarf Cattle of Socotra," *The Geographical Journal*, 133 (1967), p. 41. Gwynne在与我的私人通信中告诉了我描绘索马里短角牛的信息。在阿拉伯半岛的一块石板上的浅浮雕上发现了骆驼的形象，那块石板上还描绘了一头无峰的公牛。阿拉伯半岛东部这一发现所处的遗址年代为公元前三千纪，Geoffrey Bibby, *Looking*

for Dilmun (New York: Knopf, 1969), p. 304。

33. 印度洋海岸贸易常常被追溯得很古老，但这缺乏坚实的证据支持。Alan Villiers, *Monsoon Seas, the Story of the Indian Ocean* (New York: McGraw-Hill, 1952), chaps. 4-5. Carl O. Sauer, *Seeds Spades, Hearths, and Herds* (Cambridge, mass.: MIT Press, 1969), pp. 34-36强调史前时期驯化技术的散播就是沿着这条路线。由于克拉克假定所有动物都是从北面沿陆路来到非洲之角并据此确定三期岩画的年代，故而他提出的年代与本书不同，也与他自己的数据不相吻合。

34. Douglas Botting, *Island of the Dragon's Blood* (New York: Wilfred Funk, 1958), pp. 161-168指出埃及人对索科特拉岛很熟悉。H. von Wissman, "Badw," *Encyclopaedia of Islam*, new ed., I, 881总结了将阿拉伯半岛南部归入蓬特地区的观点。

35. 埃及人自第十八王朝（约公元前1570年）以降描绘瘤牛。Zeuner, *Domesticated Animals*, p. 226.

36. D. Brian Doe, *Socotra: An Archaeological Reconnaissance in 1967* (Miami: Field Research Projects, 1970), pp. 5-6, 31-33, pl. 22. 有一幅图（fig. 10）可能展现的是一头短角牛。同一遗址发现的未被释读的涂鸦不会早于阿拉伯半岛南部最早的铭文，铭文年代大约是公元前10世纪。

37. 一些对索科特拉岛的描述提到岛上的一种野驴。不幸的是，这些描述无一指出这种野驴是源于努比亚驴还是索马里驴，这对此处讨论的事情来说很重要。

38. 可以确定，更晚近而更发达的骆驼使用技术传到了索马里。例如，一峰骆驼在索马里拉磨（John Buchholzer, *The Horn of Africa* [London: Angus and Robertson, 1959], plate opposite p. 193），可以看到，它所使用的挽具源

于阿拉伯半岛南部的驼鞍，同一种挽具也使用于阿拉伯半岛的一家相似的磨坊中（François Balsan, *À travers l'Arabie inconnue* [Paris: Amiot Dumont, 1954], photo opposite p. 65）。也许非洲之角的居民之所以没有接纳这些晚近的技术，是由于他们不那么实用主义地看待骆驼。

39. H. von Wissman, "Badw," p. 882. 1956年也门只有7万峰骆驼，却有850万只羊和30万头牛。Omar Draz, "Improvement of Animal Production in Yemen," *Bulletin de l'Institut du Desert d'Egypte*, 6 (1956), pp. 79-110.

40. *Periplus of the Erythraean Sea*这部成书于公元1—3世纪之间的希腊作品提到了索科特拉岛和阿拉伯半岛之间的政治联系（Doe, *Socotra*, pp. xvii, 152-153），Botting, *Island*讨论了现代的政治状况。

41. M. Mikesell, "Notes on the Dispersal of the Dromedary," *Southwestern Journal of Anthropology*, 11 (1955), pp. 244-245认为骆驼驯化起源于阿拉伯半岛南部，但具体地点与此处所列略有出入。

42. H. Frankfort and others, *The Gimilsin Temple and the Palace of the Rulers at Tell Asmar* (Chicago: University of Chicago Press, [1940]), p. 212, #126f.

43. Bibby, *Dilmun*, p. 304; Charlotte Ziegler, *Die Terrakotten von Warka* (Berlin : Gebrüder Mann, 1962), #194. Burchard Brentjes, "Das Kamel in alten Orient," *Klio*, 38 (1960), 35, #4也描述了后一个例子，还在文字说明中提请注意鞍的迹象。所谓的迹象其实是画在背部的黑色十字，与该时期其他动物身上画的图案很相似。毫无理由认为那是指鞍。

44. Walz, "Zur Problem des Zeitpunkts," p. 47确信阿拉伯半岛中部是骆驼驯化的家园，但作者并未解释是谁出于什么目的进行的驯化。

45. Ad-Damīrī, *Ḥayāt al-Ḥayawān (A Zoological Lexicon)*, tr. A. S. G. Jayakar (London: Luzac, 1906), I, p. 27; Qur'ān XXIII:22.

46. Al-Jāhiz, *Hayawān*, I, 152.

47. Al-Jāhiz, *Hayawān*, VI, 246.

48. Ad-Damīrī, *Hayāt al-Hayawān*, I, 447.

49. Ad-Damīrī, *Hayāt al-Hayawān*, I, 32.

50. Ad-Damīrī, *Hayāt al-Hayawān*, I, 32.

51. Al-Jāhiz, *Hayawān*, I, 154-155; VI, 23,216; Ad-Damīrī, *Hayāt al-Hayawān*, I, 28-29.

52. Yāqūt, *Mu'jam al-Buldān* (Beirut: Dar Beirut and Dar Sader, 1955-1957), V, 356-359.

53. Ad-Damīrī, *Hayāt al-Hayawān*, I, 28.

54. Wendell Phillips, *Qaraban and Sheba* (New York: Harcourt, Brace, 1955), p. 247所提供的阿尔布莱特对阿拉伯半岛南部的历史编年认为，第一波从北面来的闪米特人迁至阿拉伯半岛南部是在公元前1500年以前，第二波则是在公元前1200年以前。然而，阿拉伯半岛南部旧石器时代和新石器时代遗物的零星发现表明那里有更早的居民。见下注，以及Richard M. Gramly, "Neolithic Flint Implement Assemblages from Saudi Arabia," *Journal of Near Eastern Studies*, 30 (1971), pp. 177-185. 索科特拉岛上并未发现类似的石器。Doe, *Socotra*, p. 151.

55. G. Lankester Harding, *Archaeology in the Aden Protectorates* (London: Her Majesty's Stationery Office, 1964), p. 5.

56. Botting, *Island*, pp. 218-219.

57. Bibby, *Dilmun*, pp. 303-304, 379. 这个遗址的年代不太准确，大约在公元前3000—前2750年。同一遗址的一块碎瓷片（p. 362）可能展现了一峰骆驼。

58. Admiralty War Staff, Intelligence Division, *A Handbook of Arabia* (1916), I,

p. 241; G. Rentz, "Djazīrat al-ʿArab," *Encyclopaedia of Islam*, new ed., I, p. 541.

59. 用单峰驼的驼奶很难制出黄油和奶酪，也很少有人吃它们，但根据 Èvariste-Regis Huc, *Travels in Tartary, Thibet, and China*, tr. W. Hazlitt (London: National Illustrated Library, n.d.), I, p. 209，双峰驼驼奶能制出大量的黄油和奶酪。这也许是单双峰驼之间另一个重要的生理差异，与温度有关。Mikesell, *Notes*, p. 245认为驼奶不是驯化骆驼的目的，否则的话本应该有选择性育种以提高驼奶产量的证据。这样的证据是存在的，很大程度上以驼奶为生的部落确实有很好的产奶的品种，例如索马里的Edammah品种（与Sir Richard Turnbull的私人通信）。

60. Wilfred Thesiger, *Arabian Sands* (London: Longmans, 1959), p. 42.

61. Alan Villiers, *Sons of Sinbad* (New York: C. Scribner's Sons, 1940).

62. *British Somaliland and Sokotra* (London: His Majesty's Stationery Office, 1920), pp. 38-39.

63. Leese, *The One- Humped Camel*, p. 112.

64. J. R. Wellsted, *Travels to the City of the Caliphs Along the Shores of the Persian Gulf and the Mediterranean* (London: Henry Colburn, 1840), II, p. 184.

65. James Theodore Bent and wife, *Southern Arabia* (London: Smith, Elder, 1900), p. 369.

66. 照片见于Freya Stark, *Seen in the Hadhramaut* (New York: E. P. Dutton, 1939), p. 98。

67. Leese, *The One- Humped Camel*, pp.112-113.

68. Botting, *Island*, pp. 48-49, 51. Leese, *The One- Humped Camel*, pp. 114-115 给出了不同国家驮运骆驼的平均载重量，它们全部大于等于300磅，最高达到1000磅，只有一个例外是索马里，只有240磅。

骆驼驯化的传播与乳香贸易

　　南阿拉伯骆驼驯化早期阶段的自身特点，在实践上并不利于广泛传播。正如因不适应其他地区而缺乏竞争优势，牦牛在青藏高原以外从未被用作家畜一样，许多世纪里骆驼是南阿拉伯地区特有的家畜，直到随着跨海乳香贸易的扩展才传入索马里和索科特拉岛也并不令人意外。在阿拉伯半岛中北部和叙利亚的沙漠地区，骆驼显然也很适合被经济地利用，如同在阿拉伯半岛南部沙漠那样。但是，引进新家畜可不只基于地理环境的适宜性，19 世纪和更早时候试图将骆驼移植到世界其他干旱地区的冒险家们早已失望地发现这一点。[1] 新品种必须要满足切实具体的需求，具备某些明显优于现有家畜的经济或军事功能，并且得有人愿意学习照料和繁殖它的技术。阿拉伯半岛北部和叙利亚的人们很早就知晓骆驼这一动物，可是之后很长一段时间内，他们都没有感受到把骆驼引入自己的牧群结构的动力。这种动力的出现要等到陆上乳香贸易的兴起。

前一章提到的关于亚伯拉罕是否可能拥有骆驼的争论，看似无关骆驼驯化的真实起源，但当我们转而关注骆驼驯化传入阿拉伯半岛北部的过程时，就成了中心议题。阿尔布莱特提出"公元前 13 世纪的骆驼驯化程度不足以实质上影响游牧"[2]，质疑他的人搜集《创世记》和其他证据，来说明骆驼无疑在更早的时期就已为人们所知。[3] 这样一来他们不得不陷入一场苦战，因为支持阿尔布莱特观点的文献和考古学证据是压倒性的。除了质疑者们搜集的少量证据，在早期文本与图像资料中关于骆驼的记录完全是空白，同时却充斥着牛、驴、绵羊等物种的丰富信息。

雪上加霜的是，早期艺术家显然无力描绘出一个可识别的骆驼形象，尽管他们确实把骆驼脖子，以及西方视角更关注的驼峰看作骆驼的区别性特征。早期岩画和雕刻证据中，几乎没有一个被说成骆驼的形象能够明确无误地被认定为骆驼。令人诧异的是，世界上外观最独特的动物之一却被如此不忠实地表现，以至于看起来更像毛驴或绵羊，当然这很可能是陌生导致的。总体而言，阿尔布莱特的观点确实很有说服力，即骆驼应用于巴勒斯坦和叙利亚的时间应该在公元前 1200 年之后。不过，反对这一观点的实物证据也不能随意忽略。

除了前引《旧约》文本，还有重要得无法忽视的五个证据。第一个是一根 3.5 英尺长的绳索，由格特鲁德·卡顿－汤普森（Gertrude Caton-Thompson）在发掘公元前 2500 年前后的古埃及石膏雕像时发现。[4] 经过与骆驼、牛、绵羊、山羊、马、驴、人类以及其他各类毛发的比较，这根绳子可明确认定为由驼毛编织而成。当然，这并不能证明那时的古埃及已经在使用骆驼，也不能证明该绳索的材料来自被驯化的骆驼，因为驼毛可以在野生骆驼脱毛后从地上捡到。基于上一章的讨论，看起来很可能，这一绳索的原生地在非洲之角的蓬特，或许本属于一个奴隶或俘虏，原料来自被驯化的骆驼。

第二个证据是一个小小的青铜塑像，发现于黎巴嫩比不鲁斯（Byblos）的一座神庙的地基窖藏中。[5] 整个窖藏显示强烈的古埃及影响，断代定于古埃及第六王朝终结之前，也就是说，早于公元前 2182 年。尽管塑像的动物学特征像是一只绵羊，但其装饰配件强烈暗示这是一峰骆驼。塑像上围绕辔头刻了四根线条来表现双层皮带，而用皮带环绕辔头是早期阿拉伯地区给骆驼套缰绳的典型做法。[6] 一面小毯盖在这个动物的背部，大概是作为鞍垫，有着扇贝形的边缘；塑像背部还有一个小洞，可能曾支撑一件微型负载，也许这可以解释为什么看不见驼峰。很难设想一只绵羊会佩戴这些实用器物，更何况在同一遗址出土的一只肯定是绵羊的塑像上并没有这些配件。可以推测，当提供这些供养品的当地商家被要求制作他并不熟悉的骆驼时，会按照通常的绵羊模式来制作，并稍作变化，使它看起来像一峰真正的驮畜。

　　与前两个不同，第三与第四个证据所展示的动物无法说明是否为被驯化的骆驼，它们分别出自希腊大陆和克里特岛，两地不仅在骆驼的自然分布范围之外，也远离阿拉伯半岛南部的早期骆驼驯化中心。似乎说明存在一个与克里特和希腊有联系的中介地带，那里是有骆驼的。两件之中，一件是在希腊迈锡尼（Mycenae）古墓中发现的小小陶罐，罐身装饰条带上部刻画的动物图案包括一个出色的骆驼像和一个还算过得去的猫像。[7]陶罐为公元前1500—前1400年的赫拉迪克二世（Helladic II）晚期作品，那时迈锡尼艺术受到克里特文化的巨大影响。猫的形象意味着，这件作品的灵感可溯源至崇拜猫的埃及。第三个形象可以解读为狗，瘦长的头部下垂，尾部弯曲上扬。这也指示着埃及影响，因为那时灰狗型犬在埃及生活中颇有分量。因此这一条带图案可以看作是典型的埃及动物游行图，其中就有骆驼。

　　来自克里特岛的证据是一块米诺斯时期（Minoan period）的滑石印章，它所显示的，如果正确地拓印下来，是一头样子特别但无可置疑的骆驼。[8]颈部和头部描画准确，但驼峰在离肩膀过近的位置。不过，最引人注目的是，腿部在看似膝盖的地方向前弯曲，末端是两个钳状的脚趾。这一印章的确切年代

和来历都不清楚，但另一枚显然出自美索不达米亚北部的圆柱
形印章可帮助解开困局。该圆柱形印章据风格可断代至公元前
1800—前 1400 年，在显示的众多图像中，两个人物形象在一
峰双峰驼的驼峰上相向而坐。[9] 这个动物的头颈部向左奇怪地
弯曲，但仍可看出骆驼的轮廓，而它的腿在像是脚踝的地方向
前弯折，末端是两个钳状的脚趾。米诺斯印章上奇特的腿部刻
画，好像是对美索不达米亚表现骆驼硕大两趾脚掌的艺术公式
的拙劣演绎，那么它的时间可以合理地推定为与美索不达米亚
印章相当。两枚印章的明显区别是，米诺斯印章刻画的是一峰
单峰驼而不是双峰驼，证实那时美索不达米亚或叙利亚地区也
存在单峰驼。

　　第五个证据与前四个不同，是文字性的，一份用古巴比伦
语书写的物料配给清单，出土于叙利亚北部一处可断代至公元
前 18 世纪的阿拉拉赫遗址（Alalakh）。尽管这长长的清单中只
有一条（涉及骆驼），但却非常重要："一（度量）作为骆驼的
饲料。"[10] 不仅证明这一时期叙利亚北部存在骆驼，而且显然是
被驯化的，要分配饲料，清单上别的动物也都是家养的。表示
骆驼的双词短语的后一个单词 anše gam.mal，意思是"驴－骆
驼"，是后来闪米特各语言对这一动物最常见的称呼之一。阿拉
拉赫的位置也值得注意，它远离叙利亚沙漠的边缘，与附近的
阿勒颇（Aleppo）、乌加里特（Ugarit）和比布鲁斯相似，是一

64

个发展良好的城邦，并不是游牧人的城市。

　　无须赘言，这五个证据或许不能说服所有人，早在公元前2500—前1400年之间的某一时期，驯化骆驼就已在中东和埃及地区为人所熟知。其他一些被当作骆驼的早期图像，在我看来不过是狗、驴、马、龙甚至鹈鹕，但在其他人看来，或许比前举五例更有说服力。[11] 不过，要否决所有这些说明公元前1400年以前阿拉伯半岛之外已有骆驼的证据，还是很困难的。我们最好把注意力放在这个问题上，就是早期留存的证据为什么如此匮乏。

　　考古学证据没有发现叙利亚地区公元前2500—前1400年有骆驼使用的痕迹，正如阿尔布莱特所断言的那样，这一结论也为对公元前18世纪美索不达米亚游牧文化的全面研究所证实，该研究所依据的史料属于马里（Mari）诸王时期，此城紧傍幼发拉底河，横跨后来的从伊拉克到叙利亚的商路干线之上。[12] 即使骆驼曾出现在这里，但如证据显示，也一定为数甚少。事实上，在当时此地的日常畜牧经济中骆驼占比极低甚或完全不存在。

　　对于这种情况最令人满意的解释是，当地人接触到骆驼，只因骆驼驮运阿拉伯半岛南部商货而来，但他们并没有喂养和放牧骆驼。值得注意的是，前引《圣经》文本所讲亚伯拉罕及其后嗣与骆驼相关的故事，虽然看起来与后世此地使用骆驼的一般模式相匹配，但其实也同样适用于骆驼非常罕见的情况。故事中提到的骆驼的最大数量是十峰，而十峰可能也就是亚伯拉罕的所有了，因为他让仆人送这十峰骆驼，明确的目的就是要给一位好人家女孩的父亲留下自己相当富有的印象，以说服这位父亲同意让女儿跨越沙漠嫁给以撒。恰好没有提到男性骑骆驼，只提到女性，似乎是坐在所驮货物之上，而不是像后来那样坐在一个封闭的常见女性用包厢中。

这并不一定意味着亚伯拉罕或他的后裔卷入了阿拉伯乳香贸易，尽管他们邻近叙利亚至阿拉伯半岛的主要商路干线，发生这种参与是可能的。这意味着，在亚伯拉罕及其子嗣可能生活于其时的公元前19—前18世纪，阿拉伯沙漠西北角的人已经接触到少量的骆驼，原因是阿拉伯西部商路向埃及或叙利亚延展。本地部落可能拥有少量骆驼，不过只是作为象征威望的财物，并没有从事大量饲养。

至于乳香贸易本身，乳香产区早期资料的匮乏使得任何复原至多都是推测性的。[13] 乳香在前王朝时期的埃及就已使用，即公元前第四千纪的中期。到公元前第三千纪中期已有船队来到非洲之角的蓬特。上一章提到王陵停灵庙浮雕所展示的远航晚得多，不过属于同一类型。然而，在红海上航行是一项艰巨的任务，不仅由于近海水面下有危险的水流变换，也由于特殊的风向。[14] 差不多北纬20°以南的红海南部海域，大致从今吉

66

达和苏丹港一线向南，由季风控制，一年之中的某些时候是有
利的南风。然而另一方面，北半海域全年都是强劲的北风，而
且风道狭窄，即使现代帆船也难以顶风前行，更不用说公元前
三千纪的原始船只了。因此，从苏伊士湾向南航行到亚丁湾是
可行的方案，但朝另一方向前往埃及的船只，直到相当近世仍
不得不停泊在红海西岸的一个港口，从船上卸下货物，由驮畜
运往尼罗河，再沿尼罗河用船送到北部的中心都市。

　　这样，陆路运输在乳香出口中的需求非常低。乳香的主要
消费者在埃及和伊拉克，而这两个市场都可以走水路，只有从
红海到尼罗河之间的短短一截除外。唯一不能经海路直接到达
的消费区是叙利亚。毫无疑问，船只可以停靠在红海东岸的港
口，像在西岸那样，但阿拉伯半岛可没有尼罗河来实现从此地
向北的运输。因此，有充足的理由认为，乳香和其他南阿拉伯
产品陆路贸易的最初路线，是沿着阿拉伯半岛的西海岸，或者
更确切地说，是顺着海岸山脉的内缘，要么从也门开始就一直
走陆路，要么是从海岸线中间的某个地方开始。

　　这条陆上商路的开端可以追溯至公元前三千纪之初，虽然
并没有切实的证据。[15] 不过，一般认为闪语诸人群到南阿拉伯
的迁徙发生过两次，一次在公元前 1500 年之前，一次在公元
前 1200 年之前。[16] 考虑到从阿拉伯半岛北部到南部旅途的艰难
程度，特别是如果途中没有骆驼的帮助，很难想象除了乳香贸

易，还有什么能够促使这些闪语人群的移民行动。事件的先后
次序可能是这样：公元前 2000 年乳香沿着阿拉伯半岛西部稳定
的陆路运输抵达叙利亚，商路北端的一些闪语部落看到了这种
贸易的潜在利益而产生兴趣。《圣经》约瑟夫故事中描述的以实
玛利人，就是从事乳香贸易的人群。可能晚一些的其他部落也
沿着商路直至乳香产地，从而成为南阿拉伯地区闪语定居者的
核心成员。按《圣经》的说法，他们的祖先就是亚伯拉罕之子约
珊（Jokshan，阿拉伯语称 Yuqtān，南阿拉伯各部落的祖先）。[17]
当闪语人口达到足够数量时，他们压倒了南阿拉伯地区的原住
民，而成为这片土地及乳香贸易的主人。

　　有人认为，整个过程并没有借助骆驼运输之力，骆驼要在
之后很晚的未知时段才出现。[18] 但我们前已阐明，这个时期已
经存在对骆驼的使用，而且它最初的家园可能就在阿拉伯半岛
南部。因此，更合理的推测是，骆驼从一开始，或几乎从一开
始，就是乳香之路上的主要载运者，北方闪语部落由此接触
到少量的骆驼。换句话说，骆驼出现于亚伯拉罕故事中是合理
的，这个故事作为骆驼使用的早期证据，与阿尔布莱特所持"这
时叙利亚和阿拉伯半岛北部不存在饲养骆驼的游牧民"的观点，
并不发生冲突。

　　现在要解释的是，为什么骆驼饲养在公元前 12 世纪的北方
得以大规模展开，以及是什么类型的骆驼饲养。要回答这个问

题，我们必须再次转向阿拉伯半岛南部的骆驼使用模式，特别
是驼鞍的设计问题。如前所述，在最初驯化骆驼的阿拉伯半岛
南部及稍后的索科特拉岛和非洲之角地区，骆驼被珍视主要是
因为能够产奶并象征财富。骆驼很少被用作驮畜，更完全没有
人骑乘。最先脱离这种早期模式的人群，试图把它用在往北方
运送乳香的贸易中，那就必须开发新型的驼鞍，以提高运载能
力和商业利润。改革的动力很可能来自乳香出口商，而不是骆
驼饲养者，当然这一点已无法确知。

　　要开发一种更新更高效的驼鞍，某种比用一根长绳将一堆
垫子乱七八糟捆在一起更轻便也更有效的方法，就必须要面对
让骆驼负重的关键问题：你怎么处理驼峰？驼峰并不完全是柔
软松弛的，但毕竟是一个结构上没有支撑力的脂肪堆，重物压
迫之下会变形。当然这还不至于让骆驼太不舒服，否则完全没
有支撑结构的索科特拉式驼垫也不会出现，但难以固定大量负
载，尤其考虑到在长途旅行中，驼峰的大小会随着脂肪转换为
能量而不断缩小。解决这一问题的最早方案显然是把驼峰盖起
来不去管它，但认真的改革者们肯定注意到了一种必要性，就
是应该把负重以某种方式传递到骆驼的骨骼上。

　　基本的解决方案不外乎三种，第一是将重物直接放在驼峰
前面的驼肩上，第二是直接放在驼峰后面的臀部上，第三是把
重物绑在一个支架上，紧压驼峰两侧的胸腔。所有这三种方

68

案，以及它们的一些组合形式，至今仍行用于世界各地，但如果按年代次序排列，最早出现的似乎是"峰后式"。

"峰后式"时序优先的理论先由人类学家沃尔特·多斯塔尔（Walter Dostal）提出，但受到冷遇。[19] 部分原因是他的论据中某些部分相对脆弱。然而，多斯塔尔关于驼鞍设计演变的理论没有得到认可和继续深化，无论如何都是不幸的，因为这个理论包含了对骆驼使用历史以及阿拉伯社会整体的重要启示。本章及下一章关于驼鞍的讨论，很大程度上依赖多斯塔尔最初提出的想法，当然这并不意味着我赞同他的所有理论或论据。

把重物置于驼峰后面，其动机似乎在于，当无鞍骑乘时，这是唯一能安全地坐下来的位置，尽管也相当难。[20] 牧人短距离骑行时偶尔会用这种方式。基本上，驼鞍包括一个铺在后臀上的垫子，以及将它牢固附着在那里的手段。尚不存在乳香贸易最初时期就有这类驼鞍的证据，但也门墓葬出土的公元前第二千纪的很多陶像对此有所表现[21]，伊拉克乌鲁克地区出土的公元前 1000—前 500 年的陶像也有显示[22]。两个地区的陶像非常相似，看起来确实密切相关，大概因为这种驼鞍在从也门到伊拉克的乳香运输中被广泛使用。驼鞍被表现为后臀部一个或小或大的隆起，有时还延伸到动物的身侧。[23] 曾撰文讨论也门陶像的卡尔·拉特延斯（Carl Rathjens）认为，它们代表骑乘动物。[24] 他还注意到，骆驼不像其他动物，在闪语化的阿拉伯半岛南部从未被用来表现神祇。这支持了先前的认识，即骆驼在闪语人群观念中，自始就与信仰外邦神祇的外邦人联系在一起。伊拉克陶像的骆驼都是雌性，也说明是用于骑乘，因为雌性骆驼更适合这种角色，强壮的雄性则被用于负载重物。[25]

这个早期证据的有趣之处在于，骆驼被用作骑乘动物，但其驼峰前没有拱形物或其他支撑物，好把驼峰后的垫子系于其上。前一观察只能说明，作为商队贸易发展的一个副产品，骆驼骑乘也得到了合乎情理的发展。但后一观察则令人费解。垫子如何固定在骆驼身上，才能让它和骑手都不会从后面掉下来呢？这种类型驼鞍的现代版本，在阿拉伯半岛南部叫作 *ḥawlānī*，在阿拉伯半岛北部叫作 *hadāja*，在撒哈拉沙漠地区称作 *hawiya*，本书此后将其称作"南阿拉伯式驼鞍"。这种驼鞍包括两个主要部分，一个木头制成的双层（有时是单层）鞍弓，

74

以及一个塞满松软材料的 U 形织物做成的衬垫。衬垫围绕在驼峰之后，沿着两侧向前伸展。木弓在驼峰之前，安置在 U 形衬垫或单独的小垫上。载货时木弓能够将负载的压力传导给骆驼的胸腔，骑乘时则只是为了避免垫子向后滑动。[26] 驼鞍主要由缠绕在鞍弓两个部分之间并环绕骆驼胸膛的肚带固定。这一肚带紧挨在骆驼前腿间的硬茧后，当它卧伏时用那里承担重量。更多的绑带可以环绕脖子或系在尾巴之下，但这些作用都是次要的。

图 3　突尼斯的南阿拉伯式驮鞍

　　也许一开始鞍弓并不是南阿拉伯式驼鞍的组成部分。也许臀部的垫子只是如两个伊拉克样本所示，靠环绕前胸的绳子简单固定。又或者，鞍弓没有被表现出来只是因为它太靠近驼峰的前部，而难以做出一个单独的凸起。不管什么原因使得陶像如此呈现，巴拉瓦特（Balawat）亚述国王撒缦以色三世（Shalmaneser III，前 858—前 824 年）时期青铜门上的骆驼塑像中，一个由鞍弓造成的清晰隆起可以被轻松识别出来。[27] 所以，完整形式的驼鞍可以确定在公元前 1000 年的前半段出现，而且很可能更早。但这并不意味着南阿拉伯式驼鞍立即取代了之前的驼垫类型。事实上，驼垫似乎发展为用一个（或两个）软垫围住驼峰的形式。这种类型在今天的撒哈拉沙漠地区还可以见到，仍旧非常低效。[28] 很可能新型的南阿拉伯式驼鞍作为更好的载货驮具，逐渐取代了旧的垫鞍，但旧的类型如同接下来要

76

讲到的仍在使用，以软垫鞍鞯的形式用以骑乘。

　　当然，所有这些技术变革都是某些部落畜牧观念发生巨变的物质体现：之前雄性骆驼因不产奶而不被重视，现在它们可以出租或出售给商队；之前没有多少理由骑骆驼，现在旷日持久的远途旅行使骑行成为必要；之前骆驼牧养是一种独立活动，现在某种程度上与非游牧民的乳香贸易结合在一起。

　　闪语移民南下时，这种骆驼使用的新模式普及到何种程度尚无法确定，像阿曼这样从未与乳香贸易产生紧密联系的地区，至今仍保留着早期模式。不过闪语人群接管了土地与贸易后，作为骆驼的使用者，一定曾在南阿拉伯地区骆驼游牧业的演进中发挥积极的作用，尽管一开始他们并没有亲自参与骆驼牧养。从他们终于开始养骆驼，到远在商路北部的亲缘族群部落也参与进来，只是一个时间问题。也就是说，在乳香贸易被闪语人群接管之前，被驯化的骆驼因参与乳香的长途贸易，早已为阿拉伯沙漠北部地区人们所知。不过，直到商路控制权转移到闪语人群手中，他们开始实际使用骆驼，骆驼才作为一种家畜被北部熟悉。当然，北方牧人采用了一种新的骆驼使用模式，以发挥其作为驮畜的功能为主，而不是完全与家庭生活相关的旧模式。

　　早期乳香商路位于阿拉伯半岛西部，由此可以想见，骆驼在叙利亚沙漠以西比在以东更早被当作家畜。大约在公元

前 1100 年，米甸人和亚玛力人（Amalekites）压迫以色列人，
带着他们的牲畜在以色列人耕作过的土地上宿营，直到被基甸
（Gideon）征服。《士师记》记载："他们与他们的骆驼，都数
不胜数。"[29] 应当注意，这里骆驼本身似乎并不使作者感到不寻
常，惊人的只是它们的数量。

　　沙漠另一边的伊拉克和美索不达米亚与也门建立联系并开
展乳香贸易的情况，已经由公元前 1000—前 500 年的陶像所
说明。虽然亚述帝国的楔形文字记录了更多这一区域的骆驼文
化，但在米甸人和亚玛力人出现在叙利亚沙漠西部之后约 200
年间，记录里没有任何关于单峰驼的内容。期间双峰驼倒是曾
被提及，对此我们将在第六章进一步讨论。西部的乳香贸易仍
在繁荣发展，正如所罗门王（约前 955—前 935）和希巴女王
的故事所显示的那样。[30] 在很长时期内，东部的骆驼仍旧相对
较少。在亚述国王图库尔蒂－尼努尔塔二世（Tukulti-Ninurta
II）统治时期（前 89—前 884），美索不达米亚地区的欣达奴城
（Hindanu）献上的贡品包括 30 峰骆驼、50 头牛、30 只驴、200
只绵羊，和 1 塔兰特（计量单位）的没药（myrrh）。[31] 虽然骆
驼在清单中的比重不大，但它们的存在解释了没药这一南阿拉
伯特产的来源。半个世纪后的撒缦以色三世时期有记载称，阿
拉伯王吉迪布（Gindibu）的 1000 名骆驼骑兵与亚述人在卡尔卡
尔（Karkar）战役中对抗。但在这场发生在叙利亚西部，聚集

78

了超过 5 万名步兵，约 4000 辆战车和 1400 名骑兵的战役中，
骆驼的数量仅代表很小的一部分军力。[32] 阿卡德语（亚述帝国
使用的语言）中所有关于单峰驼的词语，都是来自阿拉伯语的
借词。[33]

　　直到提格拉－帕拉萨三世（Tiglath-Pileser III，前 745—
前 727）时，骆驼才以巨大数量出现。比如，从阿拉伯萨姆西
（Samsi）女王处缴获的战利品包括 3 万峰骆驼、2 万头牛，以
及 5000 捆（或担）香料。[34] 在稍后的以撒哈顿（Esarhaddon，
前 680—前 669）时，阿拉伯哈薛王（Hazael）之子伊塔（Iata'）
每年进贡的物品中，骆驼和香料的联系再次凸显出来，贡品包
括黄金、宝石、50 峰骆驼，以及 1000 担药草。[35] 这一证据与来
自亚述编年史的其他证据一起，证明了几件事：亚述时期叙利
亚沙漠地区的骆驼牧养规模在大量扩展；骆驼的拥有或牧养活
动与乳香贸易之间存在密切联系；骆驼逐渐更多地被用于军事
目的，包括在萨尔贡二世（Sargon II，前 721—前 705）的亚述军
队中被用来负载辎重。[36] 骆驼的使用很少扩展到非沙漠地区，
主要证据是在专营农业地区的贡品或掳获清单中，从未有骆驼
出现。

　　亚述时期也有关于骆驼使用流行模式的重要图像资料。前
已论及为骆驼加上鞍鞯的困难，以及从最初的堆垫方案中产生
的两种类型的驼鞍。一种是通过系在驼峰前的木制鞍弓而固定

在驼峰后的衬垫，即南阿拉伯式驼鞍。另一种则是用一个软
垫，可能是甜甜圈或马蹄形，围绕着驼峰，而不依靠任何硬
性结构支撑。前已指出，南阿拉伯式驼鞍既可用于骑乘，也可 80
用于载货。陶像骆驼似乎是用于骑乘，而巴拉瓦特青铜门上的
骆驼则戴着负重鞍鞯。有证据表明，这一时期在运用南阿拉伯
式驼鞍运载货物时出现进展。如一幅亚述浮雕的粗略图画所显
示，一个南阿拉伯式驼鞍上加上若干水平方向的木杆，前端系
在鞍弓上，沿着驼峰两侧延伸，可能在后面绑在一起。[37]这就
为骆驼的驭者新增了一个坚固的结构来捆绑货物，今天的印度
还在使用这种变体（帕兰鞍，the *palan* saddle）[38]，不过其他地
区使用的南阿拉伯式驼鞍通常没有额外的棍子。

　　让人更感兴趣的其实是看起来更原始的垫鞍，这种载货鞍

图 4　校正过的图样展示了驼鞍设计的大概细节

鞯的用法被一个描绘逃难者的亚述浮雕所证实，逃难者来自赛纳克里布（Sennacherib）于公元前 701 年所洗劫的巴勒斯坦的拉吉城（Lachish）。[39] 不过，值得关注的是它作为骑乘鞍鞯的应用。除了陶像所示的南阿拉伯式驼鞍可用于骑乘，有四个分别表现的垫鞍也无疑用于这一目的。最古老的是在叙利亚北部的哈拉夫遗址（Tell Halaf）发现的一块雕刻粗糙的石质浮雕，断代在公元前 900 年左右。[40] 画中骑手坐在一个侧面有交叉带子的垫子上，垫子通过交叉的肚带固定在骆驼上。没有鞍弓的痕迹，从骑者的姿势看也不像有鞍弓。这里的驼鞍与拉吉城逃难者浮雕所示的不同之处仅在于交叉的肚带，可能是为了更加稳固。

83

　　下一个图像来自亚述巴尼拔（Assurbanipal，前 668—前 631）时期一系列精细雕刻的一部分[41]，展示的都是亚述骑兵战胜阿拉伯骑兵的场面。奇怪的是，考虑到作品的高质量，骆驼的鞍鞯却常常没有表现出来。然而驼鞍一定存在，因为总是刻有肚带，尽管消失于鞍毯之下，但看得出是如哈拉夫遗址那样交叉的肚带。幸运的是，其中一只骆驼身上可见明显的垫鞍，反映了其他图片中被隐藏的部分。[42] 这些浮雕另一引人注意的地方是，它们刻画了每两人同骑一只骆驼，可能意味着这一部落只有少量骆驼，[43] 骑手们使用弓箭作为唯一武器，而不是与骆驼作战最终联系在一起的长矛和剑。

84

最后两个例子来自非亚述史料。一个是阿契美尼德的圆柱形印章图案，与亚述巴尼拔的浮雕群主题相同，一个拿着长矛的骑马者正在追逐一名骆驼骑手。[44] 垫鞍被清楚地描绘，但没有交叉的肚带。另一个是一个小型青铜塑像，发现于希腊罗得岛，但很可能是从大陆引进的，清楚地展现了一名男子骑乘在垫鞍上。断代为公元前 700—前 600 年。[45]

鉴于这些图像的主题，或许可以认为垫鞍特别被用于军事目的。南阿拉伯式驼鞍或许足够适合商人从乳香产地出发的旅途，但与骆驼头部的距离会影响骑手的控制力，并迫使他使用一根棍子来控制方向，这在战斗中就非常不便。[46] 此外，在战斗中骑骆驼的唯一优势，就是比骑马的高度更高，如果坐在驼峰后而不是驼峰上，就会减少这种优势。因此，在叙利亚沙漠边缘地区，垫鞍成为主要的骑乘鞍鞯，而南阿拉伯式驼鞍是主要的载货鞍鞯，这一推断很容易得到论据支持。

尽管如此，骆驼是一种糟糕的作战乘具。亚述人在军事领域只用它来运输辎重。对阿拉伯人来说，骆驼也是不稳固的射箭平台，在对抗常规军队时，可能作为逃跑的乘具更有效。在亚述巴尼拔统治时期，曾有一群阿拉伯人逃到沙漠中，因被切断了水源，不得不割开骆驼的肚子喝骆驼胃里的水。在流传至今关于骆驼与水的半神话故事中，这也许是最早的一例。[47]

叙利亚和美索不达米亚的骆驼饲养者在亚述时期一直没有

什么军事上的重要性。商路贸易依赖于他们的牲畜，但没有证据表明他们控制了贸易并从中获利。事实上，亚述人对阿拉伯人及其营地的描述，反映了一种非常简朴的生活。牧养骆驼的阿拉伯人所缺少的，是将他们对商路贸易的潜在控制转化为真正控制的手段。在他们获得有意义的军事实力之前，他们别无选择，只能作为低贱的沙漠部落民被来自定居文明的人压榨，而不是反过来压榨他人。

注释

1. 见第九章。

2. Albright, *Archaeology and the Religion of Israel*, p. 96.

3. 最好的图像汇编见于Zeuner, *Domesticated Animals*, Chap. 13, 以及 Burchard Brentjes, "*Das Kamel*," pp. 23-52。

4. G. Caton-Thompson, "The Camel in Dynastic Egypt," *Man*, 34 (1934), p. 21.

5. P. Montet, *Byblos et l'Ègypte* (Paris: P. Geuthner, 1928-1929), p. 129, pl. LII, #179.

6. 最常见的是单层皮带，但属于公元前第一个千年前半段的几个陶像带有表示双层皮带的切口。Ziegler, *Die Terrakotten*, pl. XXI, #308a, 313, 314.

7. A. J. B. Wace, *Chamber Tombs at Mycenae* (Oxford: The Society of Antiquaries, 1932), p. 112, pl. LIII, #1.

8. Arthur J. Evans, *Cretan Pictographs and Prae-Phoenician Script* (London:

Bernard Quaritch, 1895), p. 72. #62b.

9. C. H. Gordon, "Western Asiatic Seals in the Walters Art Gallery," *Iraq*, 6 (1939), 21, pl. VII, #55. 这只骆驼的脚究竟是如文中所说的向上翻起，还是代表蛇或者鸟，仍可以再讨论。无论如何它都可以作为米诺斯印章的可能原型，尽管这个原型被错误地解读了。

10. Donald J. Wiseman, "Ration Lists from Alalakh VII," *Journal of Cuneiform Studies*, 8 (1959), p. 29, line 59;Albrecht Goetze, "Remarks on the Ration Lists from Alalakh VII," *Journal of Cuneiform Studies*, 8 (1959), p. 37; I. J. Gelb, "The Early History of the West Semitic Pepples," *Journal of Cuneiform Studies*, 15 (1961), p. 27. 我想要感谢A. Bernard Knapp 先生告知这一文本并为我翻译了它。

11. 狗：Zeuner, fig. 13:15; 驴：Zeuner, fig. 13:16 and Brentjes, p. 36, fig. 1; 马：Zeuner, fig. 13:17 and Brentjes, p. 42, fig. 3; 龙（美索不达米亚类型）：Brentjes, p. 30, fig. 3 and p. 50, fig. 2; 鹈鹕：Brentjes, p. 38, fig. 3。

12. Jean-Robert Kupper, *Les Nomades en Mesopotamic au temps des rois de Mari* (Paris: Les Belles Lettres, 1957).

13. 这里的描述主要依据卡尔·拉特延斯所提出的观点主旨："Sabaeica," *Mitteilungen aus dem Museum für Völkerkunde in Hamburg*, 24 (1953-1955), part II, pp. 11-19。

14. Villiers, *Monsoon Seas*, pp. 41-46.

15. Rathjens, "Sabaeica," part II, p. 16. 如此早的时期很难证明，不过也很难否定。

16. Phillips, *Qataban and Sheba*, p. 247, 阿尔布莱特总结了大事记。

17. 《创世记》25:1-4. 希巴（Sheba）和德丹（Dedan）都既是约珊儿子

的名字，也是阿拉伯半岛南部和汉志省的公国；米甸（Midian）是约珊兄弟的名字，也是《士师记》中提到的养殖骆驼的部落。

18. Rathjens（"Sabaeica," part II, pp. 18, 115）认为，在骆驼从某处被引入北方之前，毛驴作为长途陆运的运输工具，已经被使用了上千年。阿尔布莱特的大事记显然注意到了闪语人群的迁徙，却没有提及骆驼的使用。(Phillips, *Qataban and Sheba,* p. 247).

19. Walter Dostal, "The Evolution of Bedouin Life," *L' Antica Società Beduina,* ed. F. Gabrieli (Rome: Centro di studi semitici, Istituto di studi orientali, Università, 1959), pp. 11-34; 同氏, *Die Beduinen in Südarabien* (Vienna: Ferdinand Berger & Söhne, 1967)。西奥多·莫诺德(Theodore Monod)对多斯塔尔的理论提出一些疑问，"Notes sue le harnachement chamelier," *Bulletin de l'Institut Fondamental d'Afrique Noire*, 29, ser. B(1967), 234-239。Wendell Phillips嘲讽了二者：*Unknown Oman* (London: Longmans, Green, 1966), p. 263, n. 2。

20. 在撒哈拉以南的地区，无鞍时人们骑在驼峰前，或许也门人也曾经如此。关于峰前骑法的进一步讨论参见第五章。

21. Rathjens, "Sabaeica," part II, pp. 114-117, 248-250.

22. Ziegler, *Die Terrakotten*, pp. 88-91, pl. 21. 在埃塞俄比亚东部Tigré省发现的一个破损的陶像也属于这一类，说明南阿拉伯的贸易也跨越了红海。不幸的是，陶像的出土环境无法判定其年代。A. Caquot and A. J. Drewes, "Les Monuments recueillis à Maqallé (Tigré)," *Annales d'Éthiopie*, 1(1955). 39-40.

23. 显然大部分也门的样本都表现了驼鞍，但Ziegler在描述任何伊拉克样本时均未提及驼鞍，她总是将后部的凸起视作尾巴，尽管它们与也门塑像的相似性显而易见。她的编号591（图309）是驼鞍最清晰的证据，除了被她认定为马的一部分编号616（图320）之外。不过，在许多亚述人对骑马者的表现中并没有出现马鞍，而且这一鞍鞯的形状更接近于"峰后式"
驼鞍而不是马鞍。

24. 他的论据部分基于陶像出土于墓穴，因而并不是十分确凿的。

25. Ziegler的图308b中的雌性特征可以确定，但她认为特征不突出的样本596和604号也是雌性。

26. Monod, "Notes," pp. 237-238. Monod在236页注释3也提到，存在一种用轻木架取代峰后垫的变体，但我没有找到更多有关信息。

27. L. W. King, *Bronze Reliefs from the Gates of Shalmaneser* (London: British Museum, 1915), pls. 23, 24.

28. G. Cauvet, *Le Chameau* (Paris: J. B. Baillière, 1925), pl. LXII; Johannes Nicolaisen, *Ecology and Culture of the Pastoral Tuareg* (Copenhagen: The National Museum of Copenhagen, 1963), p. 74, figs. 53-54.

29. 《士师记》6:5.

30. 《列王纪》10.

31. Daniel D. Luckenbill, *Ancient Records of Assyria and Babylonia* (Chicago: University of Chicago Press, 1926), I, p. 130.

32. Luckenbill, *Ancient Records*, I, p. 223.

33. Armas Salonen, *Hippologica Accadica* (Helsinki: Suomalainen Tiefeakatemia, 1956), pp. 87-90.

34. Luckenbill, *Ancient Records*, I, p. 293.

35. Luckenbill, *Ancient Records*, II, pp. 208, 214, 218-219.

36. Luckenbill, *Ancient Records*, II, pp. 75, 90. 又有Brentjes, "Das Kamel," p.42, fig.1, 浮雕图像展示了亚述军事营地中的骆驼。

37. Brentjes, "Das Kamel," p. 47, fig.3. 图像中的错误在于尾巴下的束带

与尾巴本身混淆，这在亚述艺术中常常出现，并且鞍弓与脖子下的束带
混淆。

38. Leese, *The One-Humped Camel*, pl. 5.

39. British Museum #124908; illustrated in Jean Dashayes, *Les Civilisations de l'Orient Ancien* (Paris: Arthaud, 1969), fig. 76.

40. Max Freiherr von Oppenheim, *Tell Halaf* (Berlin: Walter de Gruyter, 1955), III, 48-49, pl. XXVII.

41. R. D. Barnett, *Assyrian Palace Reliefs* (London: Batchworth, n.d.), pls. 108-116; Salonen, *Hippologica*, pl. V, #2; C. J. Gadd, *The Stones of Assyria* (London: Chatto & Windus, 1936), pl. X. 最后一幅浮雕属于提格拉－帕拉萨三世（Tiglath-Pileser III，前745—前727）时期，似乎表现的也是垫鞍。另有两个晚期赫梯（Hittite）骑骆驼的浮雕也与这一组相似，骑手们用弓和箭射击，坐在只看得见毯子下的肚带的驼鞍上。D. G. Hogarth, Leonard Woolley, and R. D. Barnett, *Carchemish* (London: British Museum, 1952), part I, pl. B.16.b; part III, pl. B.50.a.

42. Salonen, *Hippologica*, pl. V, #2.

43. 19世纪约翰·刘易斯·布克哈特（John Lewis Burckhardt）观察阿拉伯地区的瓦哈比人（Wahhabis）时发现："当骆驼不足时，一个人骑上骆驼后会带一个同伴……在他身后。"*Notes on the Bedouins and Wahābys* (London: Henry Colburn and Richard Bentley, 1830), p. 313.

44. British Museum #117716.

45. British Museum, Early Greek Room.

46. 多斯塔尔夸大了骑在驼峰后的限制（"Evolution," pp. 16, 22, 27.）。Phillips对此提出正确的批评，*Unknown Oman*, p. 263, n. 2。不过还是

有某种程度的不便。Monod, "Notes," p. 236.

47. Luckenbill, *Ancient Records*, II, 317. 当然，骆驼并不像人们长久以来认为的那样，将水储存在胃中。但是确实有一些液体可供紧急情况下饮用。有关情况参见Knut Schmidt-Nielsen, "The Question of Water Storage in the Stomach of the Camel," Mammalia, 20 (1956), 1-15。

北阿拉伯驼鞍与阿拉伯人的崛起

公元前 500—前 100 年间的某个时候，一种改变了中东经济、政治和社会历史的驼鞍被发明出来。这种驼鞍的名称很多，我们这里以其显而易见的发明地点来给它命名，称之为北阿拉伯驼鞍。它基本由两个大的拱架或两个形如倒 V 的鞍弓组成，一个位于驼峰前方的垫子上，另一个位于驼峰后方的垫子上，当然垫子可以是同一个或前后不同。这两个鞍弓在驼身两侧由交叉的或直的木棍连接起来，构成一个坚固的方形框架，框架顶部把驼峰包在中间。在框架和驼峰上方，放置某种垫子，骑手坐在垫子上，其承重不在驼峰，而由框架分散到骆驼的胸腔。当用作载货的驮鞍时，负载被分成等重的两部分，捆绑在驼鞍的两侧。

90　　当宣扬一项技术发展的重大历史影响时，难以避免的是被批评为史实描述过于简化，以及对事件进行了单一因果阐释。

马镫、马蹄铁、马颈轭，诸如此类，都曾被夸大其意义，但显著的事实是，它们只是历史变化复杂进程的众多因素之一而已。不过，意识到这种脆弱性并不一定能让历史学家放弃过度强调，因为要一一列出推动历史发展的所有因素，不仅费时长久，也存在淹没于海量数据的风险。而历史学家格外强调某个单一因素，对也好错也好，是因为它之前被忽略，或某种程度上比其他因素更重要。

第一章对所涉至少部分地区提出了一个问题：中东历史上，为什么骆驼在特定时刻取代了轮子？本章终于要涉及对此问题的具体解答。前已论证，在与叙利亚和美索不达米亚定居社会毗邻的沙漠里，至公元前7世纪，已存在大量的骆驼可供利用。然而，轮子在交通运输上的主导地位仍继续了八九百年，之后才慢慢衰落。对这一漫长延迟的解释是，骆驼要作为有效的交通运输手段在定居区域与轮子竞争，前提条件是骆驼饲养者，即游牧人，充分融入中东社会与经济。而这一发展不会是一个自动的过程。研究者把沙漠与耕种区、游牧人与农民之间的永恒敌意看作历史发展的动力，的确强调得相当过度。不过，农民和城市居民通常不喜欢游牧人，倾向于抵制他们进入自己的社会，这又是可以证明的。

从公元前500年到骆驼主导交通运输的时期，饲养骆驼的游牧民在军事、政治和经济方面获得了前所未有的权力，从而

91

能实现与定居社会一定程度的社会经济整合，这恰是他们的祖先梦想所不及的。饲养骆驼的游牧民相当突然地获得权力，必定源于各种各样的因素，一些涉及游牧社会，另一些则在定居社会之内，这些因素合起来产生了重大影响。然而，如果没有应用力量的有效途径，广泛的社会转型就难以发生。这个途径，就是骆驼骑兵坐在北阿拉伯驼鞍上。

要证实这一发展组合，必定涉及几组关联问题。第一，要证明北阿拉伯驼鞍的发明，对饲养骆驼的游牧民作为一支政治力量的崛起有重要意义。第二，要证明政治力量的平衡真正发生了有利于游牧民的变化。第三，游牧民的政治兴起与他们在社会和经济层面整合进定居社会之间，必须有一种可证实的联系。第四，这种社会和经济层面的整合，必须与骆驼在定居地区当作一种有效运输工具的可行性相关联，而之前这些定居地区一直使用轮式车辆。

关于第一点，把北阿拉伯驼鞍和阿拉伯政治力量相关联，证据不多但颇有说服力。已知最早的北阿拉伯驼鞍图像见于公元前 58—前 54 年间的罗马硬币，描绘纳巴泰人（Nabataeans）国王阿雷塔斯（Aretas）的投降，而纳巴泰王国是第一个具有政治重要性的阿拉伯王国。[1] 保存下来的几枚硬币中，有些刻着人名，不过不是阿雷塔斯的名字，而是不见于他处的一个酋长巴齐斯（Bachhius）的名字。硬币呈现的驼鞍多种多样。垫鞍也许仍在使用中，一些硬币似乎有所呈现；又或许，只是模压切割机简化了复杂的北阿拉伯驼鞍。但是，一些硬币明确显示出鞍弓，证明就是那种新设计。北阿拉伯驼鞍肯定在那之前的某个时间被发明，而且有理由猜测在公元前 2 世纪已经使用。那时纳巴泰人在政治和经济上开始变得重要，他们的首都在沙漠城市佩特拉（Petra）。虽然纳巴泰人在利用边缘土地和沙漠从事农业生产方面异常熟练，但是，他们伟大的繁荣期则是基于他们在从阿拉伯半岛到叙利亚和地中海沿岸的陆路贸易中的支配地位。佩特拉的重要性尤其在于它是一个商队城市。[2]

南阿拉伯异域商品的贸易到那时已经持续了 2000 年，但是，此前从未出现过这种情况：贸易利润流回沙漠，流向提供商品运输之人，即骆驼饲养者手中。在伟大商队城市中的第一个，即佩特拉兴起之前，阿拉伯贸易的控制权一直掌握在买家和产品生产者手中。

可追溯到公元前 10 世纪中叶的所罗门王（King Solomon）和示巴女王（Queen of Sheba）的故事很好地说明了这一事实。南阿拉伯的统治者示巴女王来见所罗门，"长长的队伍，有骆驼驮着香料、非常多的金子和珍贵的石头"。所罗门并不是骆驼饲养者的统治者。她送给所罗门香料、金子和珍贵的石头。所罗门也给了她一些东西作为回报。此外，据说所罗门接受了"商人、香料贩卖者和所有阿拉伯君王"的钱。[3] 后来再没有过乳香

92

产地统治者考察北方市场的情况。

更晚一些，活跃于公元前 100 年左右的地理学家阿特米多鲁斯（Artemidorus）注意到相同的商贸情况。见于后来的地理学家斯特拉波（Strabo，死于公元 25 年前后）所引用，阿特米多鲁斯将赛博伊人(Sabaeans)，即赛博伊(Sabaea)或示巴(Sheba)的人民，描述为拥有"如此丰富的香料，以至于他们用肉桂、桂皮和其他香料代替木棍和木柴（生火）……由于转贩生财，赛博伊人和格尔哈人（Gerrhaeans）都变得最为富有"[4]。格尔哈（Gerrha）是乳香贸易从巴林运往伊拉克在波斯湾的中转港。但与佩特拉不同，格尔哈不是阿拉伯骆驼饲养者的定居地，而佩特拉至少在某种程度上是。斯特拉波说格尔哈"居住着迦勒底人，他们是来自巴比伦的流亡者"[5]。跟所罗门时代一样，提供运输工具的人并不是贸易的主要参与者。

商队贸易产生巨大利润，利润主要流向贸易过程的两端。这一模式历年已久，没有理由假设这一模式的改变，即贸易利润向沙漠里的运输者分流，不会遭到先前控制者们的抵抗。模式的改变始于佩特拉的兴起，延续至公元 7 世纪的伊斯兰入侵。一旦贸易的主导权转到沙漠人群手中，罗马人、波斯人和南阿拉伯人以军事或外交手段重获对贸易的控制的尝试，多得足以证明为改变商贸模式而战是值得的。[6] 有鉴于此，贸易主导地位的最初变化有加以解释的必要。

　　如果英国国家博物馆那枚圆柱印章不是基于一个古典母题，那么在亚述时代末期、阿契美尼德时代初期，即大约公元前 500 年，叙利亚－阿拉伯沙漠饲养骆驼的游牧民仍然受到定居社会优越军事力量的支配。他们骑骆驼主要是为了逃往沙漠，他们的武器仍是弓和箭。骆驼在帝国军队中仅用作驮畜。除了波斯王居鲁士（Cyrus）令非阿拉伯士兵骑在驮行李的骆驼上去尝试惊吓克洛伊索斯国王（King Croesus）的马匹[7]，帝国军队首次有记录的骆驼骑兵，是公元前 481 年薛西斯入侵希腊时麾下的一支阿拉伯军，值得注意的是，他们的标志性武器仍然是弓。[8]

94

　　行进中的商队大概不会害怕这些游牧民。如果有数量足够多的商人参与，那么，在人烟稀少的沙漠，一支商队的战斗潜力肯定超过大多数可能的对手。如果发生战斗，优势在商队一方。两方可能都有弓箭手，但是毫无疑问，商队或者他们的武装护卫会拥有铁制武器、剑和长矛等优势。这些武器在沙漠中花费太高，而且直至现代，阿拉伯部落民都把锻铁工作留给特殊阶层的人，或者干脆是从定居社会那里购买这些器物。[9]只要金属武器的优势在商队一方，骆驼饲养者就没有从贸易中获利的途径，除非他们按照商人的条件，把骆驼出售或出租给商人。

　　在这个问题上，斯特拉波的信息并非没有歧义，因为他的信息收集于公元 1 世纪前后，那时阿拉伯部落民的地位已经发

生了变化。但是，他把叙利亚沙漠住帐篷的阿拉伯人（Scenitae）
描述为强盗和牧羊人，显然，意思是他们骚扰农业人口，在附
近放牧羊群。斯特拉波补充说："阿拉伯人是和平的，而且在索
要礼物时对旅行者很温和，于是商人避开沿河的土地而冒险穿
越沙漠……沿河两岸居住的首领……分属各自特定的领地，逼
索不菲的礼物。"[10] 换言之，阿拉伯人能像在基甸时期那样，骚
扰农业村庄的居民，但是他们不能像河边的人那样，为了过境
权而向商队索要那么多的礼物，即钱财。不过，他们一直在索
要礼物。

斯特拉波还报告说，当罗马将军埃利乌斯·加卢斯（Aelius
Gallus）被奥古斯都皇帝派去探索阿拉伯半岛，最远到达也门北
部，并在那里打了一场仗，据说阿拉伯人伤亡一万，罗马士兵
只倒下两人。罗马人获得一边倒的胜利，原因是阿拉伯人"使
用武器不熟练，完全不适合打仗，他们有弓、矛、剑和投石
器，而大多数人使用双刃斧"[11]。很显然，阿拉伯军事实力的上
升尚未在遥远的南方产生太大影响。斯特拉波又说到纳巴泰人，
"他们即使在陆地上也不是很好的战士，只是小贩和商人"[12]。美
索不达米亚的阿拉伯人与此形成对比，他们允许商人通过他们
的领土，但他们自己不是商人。

斯特拉波所描述的，是沙漠部落在经济和政治崛起历程中
的一个中间阶段。一些部落，如阿拉伯，其力量开始触及征收

商队的过路费；另一些部落，如纳巴泰，则更进一步，自己成了商人；还有一些部落，如在也门北部的那些，仍然远离这些发展，而且依旧受任一训练有素的军事力量的支配。斯特拉波的叙述中所缺乏的，是前两个群体采用了北阿拉伯驼鞍，并由此获得在驼背上用剑和长矛进行有效战斗的能力，但北部沙漠人群的军事史表明，应该就是这么回事。李维（Livy）写道，在公元前 190 年的麦格尼西亚（Magnesia）之战中，安条克三世（Antiochus III）军队里的阿拉伯人有四腕尺长的剑，可以让他们从骆驼的高度攻击敌人。[13] 希律（Herodian）也指出了相似的策略，他说，公元 218 年，波斯人阿尔达班（Artabanus）与罗马皇帝马克里努斯（Macrinus）战斗时，他军队中的阿拉伯人"通过用他们的长矛从上方戳刺来突进"[14]。西西里人狄奥多罗斯（Diodorus the Sicilian）如此解释尼多斯的克特西亚斯（Ctesias of Cnidus）围绕亚述公主塞米勒米斯（Semiramis）之名的传奇记录：当克特西亚斯将四腕尺长的剑放进塞米勒米斯军队里的阿拉伯人手中时，似乎从克特西亚斯自己的时代，即公元前 1 世纪，往里添加了细节。[15] 关于阿拉伯人的亚述艺术表现物从未显示他们用剑。

　　不能指望坐在不稳定的环状垫上的骆驼骑手使用这样的武器。用长矛戳刺或用剑重击的任何努力，都有可能像伤害敌人那样使骑手自己摔落。虽然新武器大概一开始是与坐垫鞍一起

96

使用的，但是它们一定快速促进了北阿拉伯驼鞍的发明，因为对这些武器而言，稳定性是不可或缺的。阿拉伯语称北阿拉伯驼鞍为 shadād，源于 shadīd，意为坚硬或牢固。[16] 结论自然是：军事方面的考虑刺激了北阿拉伯驼鞍发展，因为南阿拉伯驼鞍和传统垫鞍足以胜任所有的和平用途。

武器和鞍具相关联发展的具体动力，无疑跟使用长矛和剑的骆驼骑兵的直接参与有关，就像在薛西斯的军队里那样。沃尔特·多斯塔尔认为，北阿拉伯驼鞍的鞍弓是借自马鞍，可是他将后者发明的时间定于公元前 1 世纪末，却没有看到表明前者的使用早于公元前 2 世纪的证据。[17] 然而，正如前已论证的那样，公元前 2 世纪时，北阿拉伯驼鞍显然已经在使用中。无论如何，鞍弓的概念出现在南阿拉伯鞍中，早在公元前 9 世纪巴拉瓦特（Balawat）的青铜门上就有过呈现。最合乎逻辑的解释是，南阿拉伯鞍的双拱被分开了，于是一个拱形在驼峰前，另一个在驼峰后，整件东西放在垫子上，以避免磨伤驼背。因此，尽管新武器无疑基于骑兵模式，但在鞍具设计领域任何借用都有可能，很可能是从驼鞍到马鞍，而不是反过来。

由军事用途激发出来的技术发展，在与骑兵直接相关的领域之外，其采用要缓慢得多。公元前 1 世纪一块雕刻粗糙的墓葬浮雕上的鞍具[18]，显示南阿拉伯驼鞍似乎仍在也门使用，当然这取决于如何解读。但同一个地区后来的浮雕上就有了新的鞍具和长矛。[19] 至于阿曼和哈德拉毛，它们如此远离北方的经济和政治变化，以至于从未使用过北阿拉伯驼鞍，而且至今都还在用南阿拉伯驼鞍。[20]

技术新发展使位于沙漠北部边缘那些最早利用这些新技术的部落，拥有非凡的能力去控制沙漠贸易。一方面，比起沙漠更深处仍使用弓箭的部落，他们享有军事优势，从而能够向任何有需要的商队提供真正的保护。另一方面，任何不够明智而不寻求保护的商队将会是这些北方部落抢劫的对象。以前商队可以击退这类袭击，因为只靠弓箭几乎没有机会阻止商队，而近距离时，商队具有拥有更好武器的优势。但是在新的情况下，优势到了阿拉伯部落一边。部落战士拥有定居商人无法企及的骆驼骑技，他们有剑和矛，能够靠近商队，并利用高度优势，坐在驼峰上攻击任何未骑在马上的守卫者。毋庸赘言，以马队骑兵保护穿越沙漠的商队，在逻辑上是不可能的。

但是，如果新的鞍具和武器使沙漠部落得以逼迫商队购买他们的保护，那么他们决不能使骆驼骑手与同样武装的马骑兵相对等。疾驰不是骆驼常见的节奏，这既要求动物训练有素，又要求骑手专业。[21] 即便在疾驰中，骆驼战也不能与马队骑兵的冲锋相提并论，骆驼无法产生战马那样的动力和冲击力。与马骑兵相比，骆驼骑兵处于相对劣势，这个认知不会有错。在阿拉伯诗歌中，长矛被视作马骑兵的理想武器，尽管事实上长

99

矛是骆驼骑兵的典型武器。[22] 而且阿拉伯应对马骑兵的战术，总是下令从骆驼上下来，作为步兵参战，或可能的话，把骆驼换成专为战斗而带来的战马。[23]

然而最重要的是，阿拉伯部落民对马很痴迷，以至于相较骆驼而言，他们更重视马，这揭示了骆驼作为战争动物的劣势。[24] 在叙利亚沙漠和北阿拉伯，从上述讨论的时期直至 20 世纪，部落民财富的明显标志是拥有马。与爱马者的坚定信念相反，这不能仅仅解释为自然偏好。撒哈拉中部饲养骆驼的图阿雷格人（Tuaregs），各方面都很像骄傲、好战、热衷优良坐骑的阿拉伯部落民，但是他们对马没有多大兴趣。[25] 索马里近年来马匹几乎消失，因为其军事用途已不复存在。[26] 亚述史料所记饲养骆驼的部落献给国王的战利品或贡物中，也没有提到马匹。[27]

阿拉伯人与骏马联系密切，于是，也和剑、矛及北阿拉伯驼鞍的采用紧密相关。与金属武器的情况一样，相较于亚述时期的骆驼文化模式，养马意味着与定居社会更高程度的经济整合。如沙漠中养马所需的谷物一样，金属也必须从定居人群那里购买或武力获得。在任何特定区域内，是用武力还是用金钱来改变游牧物质文化，都无关紧要。在沙漠中养马的各种方式都清晰地表明，骆驼游牧人正在变得越来越有能力控制其经济生活，同时对定居社会造成冲击。

　　很难依据文本史料精确地论证骆驼饲养者何时、如何接管乳香贸易，前已指出，这是一个渐进的过程。公元前1世纪佩特拉的纳巴泰人，即斯特拉波所说的"小贩和商人"，无疑已成为贸易中的重要因素，而到了公元1世纪，他们很可能已控制北至大马士革的沙漠商路。[28] 另一个中转港，即居民不是骆驼牧人的格尔哈，在公元前4世纪通过海路转运乳香北至巴比伦尼亚（Babylonia），这出自阿里斯托布鲁斯（Aristobulus）的记载，他因追随亚历山大征战而便于获知这些信息。[29] 但是，在大约两个世纪之后的狄奥多鲁斯（Diodorus）时代，格尔哈的贸易重新定向，改为通过陆路前往佩特拉。[30]

　　商贸领域的影响力并没有使佩特拉变成一个军事霸主。当然这个城市能够动员足够的力量去恐吓南方商路上那些较小的阿拉伯部落，有碑文材料显示特定的人被委以维护道路安全的职责[31]，但是，在应对一支像埃利乌斯·加卢斯所率军队那样强大的远征军时，就只能靠提供错误信息来挫败罗马人对南进道路的探索。[32] 之后的商队城市，尤其是帕尔米拉（Palmyra）和麦加（Mecca），将会崛起为重要的军事力量。只是历史没有给佩特拉足够的时间去经历同样的发展。公元105年，佩特拉失去了独立，被图拉真皇帝纳入罗马帝国。佩特拉的大部分贸易迁至更北的布斯拉（Bosra 或 Bostra），那曾经是纳巴泰的一个重要定居点，现在作为受罗马控制的商队城市而繁荣。[33] 背

面印有骆驼的一枚安东尼·庇护（Antoninus Pius，138—161）
硬币，证明了骆驼商队在布斯拉的持续重要性。[34]

佩特拉的例子表明，新的乳香贸易的经济结构在政治上是
危险的。罗马太强大，容不下边境的一个富有小国保持独立。
但是，政治不稳定并不意味着经济不稳定。罗马征服纳巴泰
人，并不是为了让贸易再度回到地中海沿岸消费中心的控制之
下。征服之后，贸易仍然以布斯拉和杰拉什（Jerash）等商队
城市为中心，这些城市只是更靠近罗马强权的中心而已。有充
足的理由相信，实际的商人仍旧是与骆驼部落有联系的阿拉伯
人，而且，考古调查证明，这些新城市聚集了大量财富，和从
前的佩特拉一样。

再向北一些，在叙利亚沙漠的中央，公元前1世纪时，帕
尔米拉城开始成为一座重要的商队城市，当然要到下个世纪它
才变得真正富有。帕尔米拉过于靠北，不能参与乳香贸易，其
利润来自沿幼发拉底河穿越沙漠前往地中海的商队。斯特拉波
对美索不达米亚的阿拉伯人的描述，被用来证明在公元前1世
纪，沙漠商路的使用开始增多，即便那时的商人似乎并不是阿
拉伯人。帕尔米拉的兴起标志着一个转变，阿拉伯人从收取过
路费转为自己控制贸易。即使图拉真时期帕尔米拉已进入罗马
的旗下，来自沙漠贸易的利润仍持续涌入这座城市。

第一章已提示骆驼商队在帕尔米拉的繁荣中所扮演的角

色，并举出证据说明帕尔米拉商人采用法律手段压制相互竞争的多种运输方式，帕尔米拉艺术中的商队之神阿尔苏（Arsu）也常见骑在骆驼上或站在骆驼旁。还有几块浮雕，详细展示了保卫沙漠道路的骆驼军队的装备。[35]毫无疑问，他们骑在北阿拉伯驼鞍上，武器是剑和长矛。很大程度上是因为处在罗马和波斯帝国之间的边疆地带，公元3世纪帕尔米拉在军事和政治上曾享受过一段短暂的荣耀，远非佩特拉可比。但最终的结果却是，272年这座城市被一支罗马军队洗劫，此后再也没能恢复。值得注意的是，帕尔米拉荣耀时期的伟大女王季诺碧亚（Zenobia），据说看不上有篷马车而常常骑马。帕尔米拉陷落时，她骑着疾驰的骆驼出逃，被罗马骑兵俘获，最终戴着金镣铐行进在奥勒良皇帝（Aurelian）穿越罗马城的凯旋队伍中。[36]

104

在纳巴泰人依靠其贸易实力崛起之初，埃及的托勒密王朝和叙利亚的塞琉古王朝（Seleucids）都曾尝试把他们纳入自己的统治下。这些希腊化王国想做而没能做到的许多事，罗马都做到了，罗马也被证明是帕尔米拉的克星。佩特拉和帕尔米拉太靠近他们的强大对手，自然不可能作为独立的政治实体长期存在。不过，商队贸易的沙漠领主本该最先出现在这些地方，也就是非常靠近定居社会的沙漠边缘。正是在那里，他们学到骑兵战术，随后而来的武器和鞍具的新发展，也就顺理成章地发生在同样的地方。然而，随着新技术沿着商队之路逐渐传入沙漠深处，对遥远部落的控制必定成为一个棘手问题，其难度几乎与处理同罗马的政治关系一样。

维尔纳·卡斯克尔（Werner Caskel）提出了这一理论：阿拉伯和叙利亚的贝都因化，是纳巴泰王国及相关国家衰落的直接后果，之前在沙漠中这些国家还维持着一定程度的秩序。[37] 贸易衰落，部落战争增加。其实对这个现象可以有另外一种理解：技术革新最初使与定居帝国接壤的沙漠部落获得了过路贸易的控制权，但技术传播最终提升了所有阿拉伯部落的军事水平，以至于贸易国家失去了它们早先行使的控制权，取而代之的是无政府状态。

另一个因素是需求减少导致乳香贸易的衰落，而不依靠乳香贸易的帕尔米拉得以保持繁荣。基督教似乎是乳香需求下降的原因。当然乳香最终在基督教仪式中找到了一点用武之地，但从未达到该地区早先那些宗教所需要的巨大数量。在我们现在所说的时间段内，可以找到基督教神父对使用乳香的谴责文字，比如德尔图良（Tertullian）、阿萨那戈拉斯（Athenagoras）、阿诺比乌（Arnobius）和拉克坦提乌斯（Lactantius）。大概乳香与犹太教和异教的宗教仪式的关联太过紧密，早期基督教对此无法容忍。[38]

105　　所以在多种原因之下，从公元 2 世纪开始，阿拉伯沙漠的情况变得越来越混乱。同时，乳香贸易的衰落导致阿拉伯半岛南部乳香生产国出现严重的经济问题。然而，叙利亚的商队城市依旧繁荣，因为他们并不靠乳香的销售。

最终给阿拉伯半岛带来秩序并永久改变了阿拉伯人历史角色的是麦加，伟大商队城市中的最后一个。麦加位于与红海海岸相平行的阿拉伯半岛主要商路上，处在南方乳香生产地与北方乳香消费地的中间。这个地理位置常被描述为商业中心发展的自然结果，但事实远非如此。[39] 麦加位于一个贫瘠的山谷中，若不大量进口商品就无法支撑较多人口，而且，只有最扭曲的地图阅读才会将麦加描述为处在南北商路与东西商路的自然十字路口上。[40] 它的确是从也门到叙利亚漫长商路上的中点，而研究者竟然也以此解释它为何获得了发展。但是，在为期约两个月的旅程中，把中间点设想为自然休整地就过于牵强了，而且这也不能解释为什么这座城市会积累那么多的财富，比如穆罕默德时期对麦加的描述所显示的那样。

在古代和中世纪的世界贸易经济中，财富倾向于流向四种商业中心：生产中心、消费中心、转运中心（包括交叉路口）以及施压中心（比如海关）。麦加不生产任何东西；所消费的乳香和香料也微不足道，而乳香和香料才是主要贸易品；而且，也没有自然地理的优势，比如可用于运输的河流。麦加成长为伟大商业中心的唯一原因，是它能够以某种方式强制控制贸易。麦加最初大概只是某些部落民的一个圣地，也许周边有些游牧营地。[41]古莱氏（Quraish）部落在名为库塞伊（Qusayy）的酋长领导下，约公元5世纪末接管了麦加，由此麦加作为贸易中心开始兴起。古莱氏部落发源于阿拉伯半岛北部，与靠近拜占庭的阿拉伯各部落关系紧密。在古莱氏人到达麦加和穆罕默德出生（传统上被定于公元570年）之间的很短时间内，阿拉伯半岛的全部南北贸易都受麦加人支配，规模尽管与几个世纪前相比有所缩小，但仍旧很大，所产生的贸易利润则流向麦加。《古兰经》多次指责麦加人对于他们财富的骄傲。[42]

麦加周围的骆驼部落一方面能提供运输工具，另一方面能抢劫商队，麦加正是通过把这些部落组织在自己的宗主权下，从而获得了贸易控制权。在麦加人组织的贸易体系下，各部落都从中受益，因为抢劫只会促成贸易总量减少，远不如与过路商队合作所获得的多。麦加甚至为此不得不与一个重要的邻近部落打仗，即费嘉尔（Fijār）之战。所有这一切都发生在这么短的时间内，清楚地说明古莱氏人的明确目标就是控制贸易。选择麦加作为定居点，当然因为那里是宗教圣地，可以让未来的商人用于神圣休战月，但主要原因是他们得住在所控制的部落中间，并尽可能远离位于叙利亚和也门的潜在帝国干涉。果不其然，在麦加崛起时期，拜占庭帝国试图使麦加成为自己的附庸国，也打算从也门入侵麦加。[43]两次尝试都失败了，这证明了古莱氏人选择中间点作为贸易中心的智慧。

106

即便在麦加取得霸权之后，贸易量似乎也一直低于佩特拉的全盛时期，在伊斯兰崛起之后更进一步凋零。[44] 尽管如此，贸易量无疑是造成麦加城存在的主要原因，而且不能把麦加的兴起从更早时候佩特拉和帕尔米拉的历史中分离开来。这只是整个过程中一个阶段的标志：阿拉伯各骆驼部落先是找到了使其利益最大化的手段，随后因不能适当地组织自己而破坏了这一手段，引发这一失败的主要原因，是该地区广阔贫瘠所决定的政治碎片化倾向。

本章前文提出的四项待论证的条件中，现在有两项已论证完毕。如所论证，北阿拉伯驼鞍的发明和传播，整体上与骆驼游牧民作为政治力量的兴起有关，兴起的事实可见于不同阶段。剩下的问题，就是要将沙漠和农耕区之间的社会经济整合与这种政治崛起联系起来，从而证明在定居社会里骆驼竟然如此之多，如此便宜，所以它们能够击败轮式运输并最终使其不复存在。

阿拉伯人与定居人群的社会经济整合，这一事实为无数的史实所揭示。阿拉伯各部落一旦拥有了军力和财力，就再无可能被隔绝于沙漠之中了。罗马和波斯都雇用位于其边疆的阿拉伯部落来保卫沙漠边疆，而且无疑也是要确保被雇用的部落不去侵扰无力自卫的村民。这样就将更多的钱放到阿拉伯人手里，并且将阿拉伯战士整合进了帝国军事组织。图拉真皇帝和哈德良皇帝时期，骆驼军团在叙利亚和埃及成为罗马军队的一部分，[45] 这些新单位最可能的兵源当然是经验丰富的骆驼部落民。

正如前文所指出的，军事需求也施加了反方向的影响，那就是阿拉伯人出于军事目的而养马。只要有钱，阿拉伯人就会养马。帕尔米拉的军队主要是马骑兵，尽管保护商队的也有骆驼骑兵。值得注意的是，在麦地那初创的穆斯林社群与他们以前的老乡麦加商人之间展开的首场战争中，即 624 年的白德尔（Badr）战役，穆斯林战士只有两匹马，与之相比，麦加人则有一百匹马。在第二场战役中，即 625 年的侯德（Uhud）战役，穆斯林没有马，而麦加人有两百匹马。[46] 富有的阿拉伯商人痴迷于马，不可避免会将马与定居地区的经济捆绑在一起，定居地区哪怕不是为了繁殖，也得提供日常饲料。然而，这种痴迷又为 633 年开始征服的伊斯兰军队提供了知识丰富的马骑兵领袖。几年后，当军队建立起良好的行政基础时，马骑兵得到的报酬比步兵多，而骆驼骑兵这个类别并没有被列出来。[47]

在平民方面，罗马帝国中的阿拉伯商人变得很常见，和更早时候黎凡特定居社会的商人一样。在意大利，骆驼小雕像被献祭给纳巴泰的神祇。[48] 埃拉伽巴路斯（Elagabalus，218—222）皇帝是叙利亚人，尽管并非来自沙漠地区，以爱吃炖驼掌闻名，他授予帕尔米拉阿拉伯统治者的尊礼，是罗马元老院议员的待遇。来自商队城市布斯拉的阿拉伯人菲利普（Philip），于244年真正登上了皇位，统治了很短一段时间。[49] 所有这一切，不过是中东人群融入罗马帝国更广泛整合的一小部分，但几乎完全打破了严格将沙漠人群排除在定居区域之外的早期模式。一些沙漠人群依旧被排斥，但是边疆治安管理所依靠的，要么是某些骆驼部落，要么是由骆驼部落民服役的骆驼军团。这些骆驼人群自身完全是罗马世界的一部分。

在艺术和文化领域，有充足的证据表明，被罗马社会接纳的沙漠居民对定居社会的时尚也很热衷。佩特拉和帕尔米拉繁荣时期的装饰与叙利亚非沙漠地区的流行风格完全一致，庙宇、柱廊和宏伟的拱门，都反映出农业区的大都市品味。老的大都会中心的艺术家和工匠，被雇用来将新兴的商队城市转变为希腊化艺术展示地，以另一种方式显示了沙漠和农耕地之间的经济联系。斯特拉波说："纳巴泰人是明智的，他们如此倾向于获取财产，以至于他们公然对任何减少财产的人处以罚款，也把荣誉授予任何增加财产的人……一些东西完全靠进口，但并不都是，特别是一些本地产品，例如金、银和大部分的香料植物，不过，黄铜和铁，以及紫色服饰、苏合香、番红花、多肋藻、浮雕作品、绘画和模型作品等等，都不在他们的国家生产。"[50]

然而，即使佩特拉和帕尔米拉那些有文化的阿拉伯人被罗

109

马帝国接纳，跟他们更靠近地中海大都会的远亲们地位相当，他们也一直从事骆驼饲养和商队贸易，以此维持其沙漠部落社会顶层的地位。通过他们，沙漠和农耕地区之间的桥梁被建立起来。通过这些大都会型的阿拉伯人，原先被认为与定居社会先天对立的骆驼部落成了中东社会不可分割的一部分。就长距离商队贸易而言，用多少骆驼，赚多少钱，当然存在自然极限，但是，一旦游牧人和他的动物被定居社会接受，为了更低的交通成本而使用骆驼的经济潜力，几乎就是无限的。

阿拉伯商人发现，基于部落联系，他们有了在整个运输行业中直接竞争的手段，无论是在采石场运输石头，还是从田地里运回收获品。在这种情况下，第一章举出的史料证据具有了更丰富的意义。帕尔米拉的商人对马车运输的货物征收过高的关税，因为他们看到了两种运输方式的竞争。不难发现，骆驼能在更广泛的基础上与轮子竞争，不只是在商队贸易方面。有意无意地，帕尔米拉人担任骆驼饲养者和承运商的中间人，不只是为了他们自己，也是为了他们在定居社会边缘及沙漠更深处的部落亲属，通过他们的活动，这些人进一步融入了地区经济。即使在 20 世纪，待售的骆驼从整个阿拉伯半岛收集到一起，一个特殊的骆驼买主团体也由此产生。[51]

戴克里先价格敕令中骆驼运输比马车运输便宜 20%，只有在切实可行的基础上才好理解——饲料消耗、建造马车所需的木材等等，还得有现成的骆驼供应。最晚自公元前600年起，在邻近叙利亚定居土地和底格里斯－幼发拉底河谷的沙漠中，就已经有足够数量的骆驼，能够成功地与马车运输竞争。然而，在骆驼和农民之间，有一条文化鸿沟，远比地理上将他们隔开的那几英里还要宽。在真正有意义的竞争发生之前，这条鸿沟必须被跨越，许多相互之间纠葛缠绕的复杂要素参与了桥梁的搭建。

概而言之，北阿拉伯驼鞍使新武器成为可能，新武器使军事力量的平衡转向沙漠成为可能，而这一转向使骆驼饲养者夺取商队贸易控制权成为可能，夺取控制权使骆驼部落融入中东定居地区的社会经济整合成为可能，社会经济整合使作为驮畜的骆驼取代轮子成为可能。当然这样整洁的概括，其实际发展太过复杂以至于不能精确追踪。这一过程中的不同阶段是在不同区域以及不同时间完成的，在主要商路上就不同于更遥远的区域。当一些部落终于变成一般运输市场的骆驼供应者[52]，其他一些部落，比如位于阿拉伯半岛南部的那些，在许多个世纪里，还一直把他们的骆驼主要用于产奶。然而，不论这个过程看上去多么混乱，最终，在大约500年的渐变之后，导致了轮子在中东的消失。这个过程带给各骆驼部落的影响非常不平均，但是，它对定居社会的冲击是一致的，而且影响深远。

注释

1. 美国钱币学会和英国国家博物馆的藏品中有几枚硬币，相关描述参见H. A. Grueber, *Coins of the Roman Republic in the British Museum* (London: British Museum, 1910), II, pp. 589-590; Gian Guido Belloni, *Le Monete Romane dell'Eta Repubblicana* (Milan: Comune di Milano, 1960), pp. 200-201, 210。另一枚硬币的图片参见Zeuner, *Domesticated Animals*, fig. 13:8。这枚名为Bacchius的硬币使骆驼的胃围(stomach girth)成了在肩部的一条不合理的垂直带，这清楚地表明模压切割机对这一主题并不熟悉。一些硬币或许可以被解读为正面有双拱而背面是单拱，但是，没有一枚硬币上的驼鞍像南阿拉伯驼鞍那样长。同样的北阿拉伯驼鞍鉴定参见Emilienne Demougeot, "Le Chameau et l'Afrique du Nord romaine," *Annales: Économies, Sociétés, Civilisations*, 15 (1960), p. 220。

2. M. Rostovtzeff, *Caravan Cities* (Oxford: Clarendon Press, 1932), chaps. I-II.

3. I Kings 10; II Chronocles 9. 一个以实玛利人负责管理大卫王的骆驼(I Chronicles 27:30), 但没有说明这些骆驼的用途。

4. Strabo, *The Geography of Strabo*, tr. H. L. Jones (Cambridge, Mass.: Harvard University Press, 1966), 16.4.19.

5. Strabo 16.3.3.

6. 关于托勒密王朝和塞琉古王朝进军阿拉伯半岛，参见M. Cary, *A History of the Greek World from 323 to 146 B.C.* (London: Methuen, 1932), pp. 81-82。斯特拉波描述了罗马将军埃利乌斯·加卢斯的军事行动(Strabo 16.4.22-24)。至于从也门到麦加的富有争议的远征，参见A. F. L.

Beeston, "Abraha," *Encyclopaedia of Islam*, new ed., I, pp. 102-103。

7. Herodotus, *The Persian Wars*, tr. George Rawlinson (New York: Modern Library, n.d.), 1.80.

8. Herodotus 7.69.

9. W. Pieper, "Sulaib," *Encyclopaedia of Islam*, IV, 514.

10. Strabo 16.1.26-27.

11. Strabo 16.4.24.

12. Strabo 16.4.23. 西西里的狄奥多罗斯说："阿拉伯的剩余部分靠近叙利亚，有大量农民和各种各样的商人，他们通过季节性商品交换，提供各自大量持有的有用物品，弥补了两国某些物资的短缺。"Diodorus Siculus, *Diodorus of Sicily*, tr. C. H. Oldfather (London: William Heinemann, 1933), 2.54.3.

13. *Livy*, ed. B. O. Foster and others (Cambridge, Mass.: Harvard University Press, 1919-1967), 37.40.

14. *Herodian*, ed. C. R. Whittaker (Cambridge, Mass.: Harvard University Press, 1969), 4.14.3-15.3. 这一释读被编辑修订过，但替代文本也提到了骆驼骑兵手中的长矛。

15. Diodorus 2.17.2. 他还提到她军队中的骆驼驮着被拆卸的河船长途跋涉。

16. 阿拉伯语中表示骑鞍（riding saddle）的基本词是*rahl*，源于动词*rahala*，意为"给骆驼配上鞍具"。*Shadād*特指北阿拉伯式鞍，更普通的样式则被称为*ghabīṭ*。多斯塔尔（"Evolution"，p.20）认为这个词源于动词含义"攻击"，他似乎过度解读了。更多关于这种驼鞍的术语，参见Julius Euting, "Der Kamels-sattel bei den Beduinen," *Orientalische Studien: Theodor Nöldeke zum siebzigsten Geburtstag (2. März 1906),* ed. Carl Bezold (Gieszen:

Alfred Töpelmann, 1906), I, pp. 393-398.

17. Dostal, "Evolution," pp. 18-20.

18. British Museum #102601. 这块石头大约可以追溯到公元前1世纪，像亚述浮雕那样，上面有两个人骑在骆驼上；但在驼峰和尾巴间的突出物似乎是南阿拉伯驼鞍的靠垫（rising cushion）。

19. Rostovtzeff, *Caravan Cities*, pl. III, #2.

20. 画家比札德（Bihzad）于1493年创作了一幅细密画，描绘骑在南阿拉伯驼鞍上的骑兵之间用长矛和剑进行的战斗。这一幕展现了传统的浪漫，但比札德在远离阿拉伯的阿富汗和伊朗度过一生，之所以展现这种驼鞍，最有可能的原因是，那时在伊朗东部，行李鞍（baggage saddle）被普遍用于骑乘。Arthur U. Pope, *A Survey of Persian Art* (London: Oxford University Press, 1938), pl. 885c.

21. Vitale, *Il Cammello*, pp. 153-154. 据作者所见，维塔莱（Vitale）对骆驼行走和步伐的描述最为准确和详细。

22. F. W. Schwarzlose, *Die Waffen der alten Araber aus ihren Dichtern dargestellt* (Leipzig: J. C. Hinrichs, 1886), pp. 46-47.

23. H. von Wissmann, "Badw," *Encyclopaedia of Islam*, new ed., I, 885.一块南阿拉伯墓碑上（Rostovtzeff, *Caravan Cities*, pl. III, #1），一个手持长矛的战士骑着一匹马，旁边有一峰骆驼。

24. 对此，有一句常被引用的先知格言："骆驼是人民的荣耀，山羊和绵羊是一种祝福，繁荣则与马的额发相关，直到审判日来临。"Ad-Damīrī, Ḥayāt al-Ḥayawān, I, 26.

25. Nicolaisen, *Ecology and Culture*, pp. 111-113.

26. Lewis, *Peoples*, p. 70; Zöhrer, "Nomads," p. 150.

27. 马被包括在来自有阿拉伯人的联盟的战利品中，但没有被指定来自阿拉伯部落。色诺芬（Xenophon）观察到（*Cyropaedia*, tr. Walter Miller [Cambridge, Mass.: Harvard University Press, 1968], 2.1.4），在居鲁士的军队中，一个名叫Aragdus的阿拉伯人掌管着1万匹马和100驾战车，这难以解读，因为"阿拉伯人"这个词的含义可能因时而异。

28. Rostovtzeff, *Caravan Cities*, p. 28.

29. 斯特拉波引用这一观点（16.3.3）时有所怀疑，因为这似乎与他从其他来源（很可能是后来的资料）了解到的格尔哈相矛盾。

30. Diodorus 3.42.5.

31. Werner Caskel, "The Bedouinization of Arabia," *Studies in Islamic Cultural History,* ed. G. E. von Grunebaum, *The American Anthropologist*, 56 (1954), memoir #76, p. 40. 碑文实际来源于北邻纳巴泰王国的德丹的砾岩人王国（Lihyanic kingdom of Dēdan），但它似乎代表了一种普遍现象。相关部分如下："因此三年来，人民大会委托他保护道路。"

32. Strabo 16.4.22-24. 奥古斯都·凯撒(Augustus Caesar)下令探索南进的道路，他对寻找商队贸易的来源特别感兴趣，"因为他期待与富有的朋友打交道，或是征服富有的敌人"。

33. Rostovtzeff, *Caravan Cities*, pp. 33-35.

34. 这枚硬币是美国钱币学会的藏品。

35. Rostovtzeff, *Caravan Cities*, p. 151, pl. XXII; Kazimierz Michałowski, *Palmyre: Fouilles polonaises* 1960 (Warsaw: Państwowe Wydawnictwo Naukowe, 1962), pp. 143-147, figs. 158-159.

36. Edward Gibbon, *The History of the Decline and Fall of the Roman Empire*, chap. 11.

37. Caskel, "Bedouinization."

38. J. A. MacCulloch, "Incense," *Encyclopaedia of Religion and Ethics*, ed. James Hastings (New York: Charles Scribner's Sons, 1955), VII, p. 205.

39. Maxime Rodinson, *Mohammed* (London: Allen Lane The Penguin Press, 1971), p. 39和W. Montgomery Watt, *Muhammad at Mecca* (Oxford: The Clarendon Press, 1953), pp. 2-3等认为，出于地理决定论的原因，麦加兴起。

40. 在麦加被交易的大部分非洲产品途经也门而来，来自中国、印度和波斯的产品同样如此。麦加没有港口，只有外国人带来很少的海上贸易。因此，将埃塞俄比亚视为贸易中一个单独的罗经点（compass point）是不合理的。伊拉克方向的交通似乎不及前往叙利亚方向的体量，伊拉克也不经由麦加接收叙利亚的商品(大部分是粮食、油、布和武器)，反向亦然。实际的商路是叙利亚–也门和伊拉克–也门。这些都不需要在中间点转运。P.H. Lammens, *La Mecque à la veille de l'Hégire* (Beirut: Imprimerie Catholique, 1924), pp. 203-206, 284.

41. Watt, *Mecca*, pp. 2-3, 5.

42. 例如，"伤哉！每个毁谤者，诋毁者，

他聚积财产，而当作武器，

他以为他的财产能使他不灭。"

——《古兰经》第一〇四章〔1〕-〔3〕

（中译参见《古兰经》，马坚译，北京：中国社会科学出版社，1981年，第483页。）

43. Beeston, "Abraha"; Watt, *Mecca*, pp. 13-16.

44. Caskel（"Bedouinization," pp. 40-41)设法贬低麦加的贸易，但

Lammens (*La Mecque*, chaps. 8-13)提供了令人信服的证据，表明贸易仍相当可观且利润丰厚。

45. Demougeot, "Le Chameau et l'Afrique," p. 243.

46. John Bagot Glubb, *The Great Arab Conquests* (London: Hodder and Stoughton, 1963), pp. 61, 70.

47. C. Cahen, ""Atā'," *Encyclopaedia of Islam*, new ed., I, pp. 729-730.

48. Nelson Glueck, *Deities and Dolphins* (New York: Farrar, Straus, and Giroux, 1965), pp. 379-380.

49. Fevrier, *Essai*, pp. 78-79. Cauvet (*Le Chameau*, I, 42) 评价埃拉伽巴路斯："他发明了一道主要食材为驼掌的炖菜；这道菜的成功必定需要一位技艺精湛的厨师。"

50. Strabo 16.4.26.

51. 这个骆驼买主团体被称为ʿUqail，但是他们与同名的中世纪部落没有关联。他们全部来自阿拉伯半岛北部的内志（Najd），或是来自小部落，或是来自城镇。Admiralty War Staff, Intelligence Division, *A Handbook of Arabia* (1916), I, pp. 94-95; II, pp. 17-18.

52. ʿAnazah部落在20世纪早期履行了这一职能。*Handbook*，I, p. 46.

北非的骆驼

如果是阿拉伯人的崛起间接导致了车轮的消失，那么似乎没有理由设想这个现象会扩散到阿拉伯人居住的地区之外。然而事实却是，以驮驼取代二轮和四轮货车的社会扩展到了整个北非和伊朗高原，而阿拉伯部落直到伊斯兰征服之后才出现在这些区域。此外有证据表明，在这些地区，如同在中东本身一样，骆驼取代车轮总的来说早于伊斯兰教的到来。因此，有必要追问，这些非阿拉伯地区的车轮消失是出于各自但碰巧同时的原因，还是前面两章提到的发展确实在某些间接情况下影响了阿拉伯影响力未及地区的运输经济？

113　　回答这个问题的任务由于伊米琳·德莫格特（Emilienne Demougeot）的《骆驼与罗马北非》（*Le Chameau et l'Afrique du Nord romaine*）这一优秀著作而大大简化。[1] 该项研究是"骆驼何时被引入北非"这一长期争论的一部分，这场争论产生了三种观点不同的派别。一些对北非骆驼有着极大感情的作家，特别是最全面的骆驼文化编纂者考维特（G. Cauvet）司令，认为拥有最纯粹血统的北非麦哈里（méhari）骆驼，一种颀长、优雅、最受图阿雷格（Tuaregs）和其他沙漠部落珍视的骑驼，是一种独立的物种，源于史前骆驼。化石证据显示，那些史前骆驼早在更新世就已漫步于当时还是草原的撒哈拉地区。[2]

第二种理论得到了更广泛的接受，主要是因为它显得非常稳固地基于文本证据。这一理论认为，骆驼被引入北非和撒哈拉地区是在罗马时期发生的，而且很可能是那些熟悉来自叙利亚动物的罗马人的工作成果。[3] 有人指出第一次提及非洲骆驼的是记载凯撒于公元前 46 年对朱巴（Juba）的战役的文献。[4] 凯撒从努米底亚（Numidian）国王那里捕获了 22 峰骆驼，数量之少表明这种动物在那时比较罕见。后来公元 1 世纪的罗马作家们，特别是博物学家普林尼（Pliny），并未提及北非的骆驼。然后在公元 3—4 世纪，文献显示有大量的骆驼。作为一个典型的例子，阿米亚努斯·马塞林努斯（Ammianus Marcellinus）谈到在公元 363 年对的黎波里塔尼亚（Tripolitania）的大莱普提斯城（Lepcis Magna）征敛了 4000 峰骆驼。[5]

就第二种派别的观点而言，德莫格特的研究是最确凿的。通过对文本和考古证据的细致统合，她清楚地指明罗马人从公元前 1 世纪开始就不断在的黎波里塔尼亚（利比亚西部）和突尼斯南部遇到骆驼，但没有将它们引入该地区。因而她假设有两条引入路线，一条沿着地中海沿岸从托勒密埃及以及后来的罗马埃及引入，另一条从撒哈拉沙漠的南侧穿过沙漠引入。[6]这些结论使她直接进入了第三种派别，即将北非的骆驼视为来自埃及或苏丹某处的舶来品。

应当指出，第三种观点不一定与第一种观点不相容。骆驼本可以在非洲的某个地方被驯化，再传播到其他地方。但对于非洲驯化理论还有其他难以克服的反对意见。从生理上来说，非洲骆驼和亚洲骆驼不能视为相异的物种。此前宣称的牙齿数量不同这一差异已被证伪，并且其他可区别的特征就是非洲骆驼有天然花斑，以及它们颈部与驼峰之间的距离更长一些。[7]然而，第一个特征更可能是选择性近亲繁殖的结果而不是物种差异。[8]至于第二个差异，驼峰的大小和位置随品种或个体差异有明显不同，就肩宽而言，在阿拉伯半岛可以找到与撒哈拉地区相同的骆驼。

只要抛开这些生物学争论不谈，北非原生骆驼独立驯化的论点几乎得不到什么证据支持，反对的证据倒很多。最具压倒性的反对证据来自撒哈拉地区众多的岩画和雕刻。[9]虽然还没有人找到对这些图像进行明确测年的方法，但可以通过风格分析、注意画作重叠情况，以及锈蚀的相对状况和画作表面有色矿物覆盖层的形状去实现相对测年。后一种现象是时间和沙漠气候自然塑造的结果，但锈蚀率尚未确定，也不确定这一速率是否在所有情况下都一样。然而，即使没有明确的测年，在撒哈拉岩画艺术的早期阶段无疑并没有骆驼。为了解释这个现象，有人提出一个论点，和解释埃及的情况一样，认为是早期阶段某种宗教禁忌禁止表现骆驼。但没有证据证明这一点，除了在埃及确实有一种科普特（Coptic）正教禁吃骆驼肉，可能和犹太教中类似的饮食限制有关。[10] 对考维特这一论点不利的是，他自己就注意到了科普特织物上的骆驼图像。[11] 因此，即使科普特人不能吃骆驼，他们也可以画骆驼，就像今天的图阿雷格人一样，他们不吃骆驼但不反对表现它们。[12] 因此科普特正教不可能基于饮食禁忌而禁止描绘骆驼的图像。所以骆驼在本地驯化的想法必须因缺乏岩画艺术的证据而遭到否决。如前所述，撒哈拉地区的骆驼在史前已灭绝，后来从东部重新引进。

　　回到"为什么北非的交通运输经济似乎与中东地区的发展非常同步"这个基本问题，北非交通运输经济发展的因素是独立于中东还是间接相关，显然只能根据埃及、苏丹和南部撒哈拉的情况来确定，因为骆驼正是经由这些地方到达北方的罗马殖民地的。与中东一样，决定性因素是动物的可用性、在潜在利用者眼中的价值或效用，以及在该地区兴起的使用方式。

　　从地理上看，今天从大西洋东岸直至红海北部的北非干旱带都有骆驼。阿尔及利亚、突尼斯和摩洛哥一些水源充足的山区则不在其中，而且骆驼并非繁衍于它们劳作的某些农业区，尤其不是在尼罗河三角洲和斯法克斯（Sfax）以北的突尼斯沿海平原。如前所述，埃塞俄比亚高原把非洲之角的骆驼家园与苏丹的骆驼家园隔断开来。但总的来说，撒哈拉沙漠及其边界地区提供了一片极其广阔的骆驼牧区，目前居住于该地区的骆驼放牧者有着丰富的种族、文化和语言多样性。

在这条干旱带的东部，另一个地理因素是尼罗河谷地，它本质上是一条将沙漠分开的长长的绿洲带，从苏丹南部延伸到亚历山大港。对于骆驼来说这条河不是障碍，因为它们是优秀的游泳者[13]，但如果谷地的农业人群和那些想要到对岸去的骆驼牧民之间存在强烈的敌意，就可能会成为骆驼养殖传播的严重障碍。严格地基于地理因素来看，更大的障碍是尼罗河以西的沙漠。撒哈拉沙漠绝不是一个均一的沙漠地区，它包括崎岖的山脉、沙海、石质高原、盐碱滩和许多其他类型的区域。然而撒哈拉沙漠中最贫瘠和缺水的部分位于其东端，即利比亚东部、埃及西部和苏丹西北部的沙海。[14] 穿越沙漠的商队路线肯定穿过这个区域，但即使对于骆驼来说，这里也不是有吸引力的牧场。因此，骆驼繁殖可能传到中部和西部撒哈拉人群的路线，基本上是德莫格特提出的那两条，要么是沿着地中海海岸的北线，要么是经苏丹西部避开不可进入的沙漠的南线。然而，鉴于北线毗邻耕作中心的尼罗河三角洲，在那里骆驼会死于飞蝇疾病，养殖骆驼的游牧民又受到蔑视[15]，南线应视为两者中更可行的路线。

　　历史地看，非洲东北部骆驼利用的最早明确迹象，可以追溯到公元前六七世纪，并且与越过西奈半岛入侵埃及的亚述和波斯有关。[16] 然而，如前所述，尽管更早驮运乳香的骆驼已偶尔在这里出现，那时的骆驼牧民仍然是贫穷的、被鄙视的沙漠居民，他们为亚述和波斯提供的后勤服务不太可能导致骆驼在尼罗河谷的永久落户。更重要的是公元前 2 世纪和前 1 世纪有关驼队贸易的资料，这些驼队行进在尼罗河至红海间南距河口约 500 英里的沙漠路线上。[17] 不知道其中的商人是否来自养殖骆驼的部落，但毫无疑问这些部落是当时埃及东部沙漠的土著。骆驼的来源仅靠以合理的价格购买，此外别无他途。同样清楚的是，总的来说骆驼在埃及经济中的作用仍未显现。[18] 公元前 2 世纪埃及就有骆驼驿站，但直到公元前 30 年罗马人消灭托勒密王朝的时候，使用有轮的车辆也并不罕见。斯特拉波本人就是乘坐马车游历上埃及的。[19]

　　从那时起，埃及沙漠中骆驼游牧人的活动和力量稳步增长。埃及发现的众多驮货骆驼的塑像可以追溯到罗马时期。[20] 这些证据以及第一章中提到的文字证据，证明骆驼养殖对尼罗河流域灌溉地区的运输经济影响越来越大，骆驼牧民如苏丹东北部的布莱米人（Blemmyes）或贝加人（Beja）的军事和政治力量也日益增长。到了公元 3 世纪，贝加人的袭击对尼罗河上游谷地的秩序来说已经是严重的威胁。在 7 世纪的阿拉伯征服之后，贝加人基本上仍然处于伊斯兰影响范围之外，继续主导着红海塞哈布港（ᶜAidhāb）和尼罗河之间的南方贸易路线。[21]

随着尼罗河以东沙漠逐渐成为骆驼养殖者的家园，显而易见的问题出现了：这些骆驼养殖者是谁？他们的骆驼养殖知识从哪里来？由于没有充分的理由去质疑东部沙漠中初次使用骆驼的商贸动力，并且同期的纳巴泰人在费特拉（Fetra）和鲁斯科木（Leuce Come）——与埃及的密乌斯霍尔姆斯（Myus Hormos）港口分列红海两边的一个港口——之间运营商队，似乎这种动物和养殖经验的扩散更有可能是越过海洋，而不是穿过西奈半岛后向南传播。[22] 几乎没有证据说明东部沙漠的骆驼牧民主要是阿拉伯人，上述这种观点的可信度加强了。[23] 技能和牲畜都在迁徙，但规模太小而难以引人注意。反过来，大概是在贸易商的鼓励之下，土著沙漠居民才去养殖贸易活动所必需的骆驼。

随着时间的推移，骆驼向南传播，可能是因为这个方向的瀑布干扰了苏丹北部的河运贸易，或者可能是因为这种新动物向东部沙漠的游牧民提供了军事力量，如同它向叙利亚和美索不达米亚的阿拉伯人所提供的那种军事力量一样。资料当然很少，但一尊有鞍的骆驼小塑像提供了证据，证明骆驼公元前 1

世纪在苏丹北部的尼罗河边的古都麦罗埃（Meroe）被当作驮货的牲畜。[24] 2世纪早期的铭文证据表明，在布莱米人成为更南边的严重边患之前不久，埃及南部发生过对骆驼部落的战争。[25] 总而言之，骆驼养殖的实践似乎出于商业目的而始于埃及底比斯（今卢克索）以东沙漠中，在军事和商业用途上同时发展，并以这种二元形式向南传播，进入苏丹东部沙漠。然而没有任何证据表明，从红海东岸到西岸曾发生过大规模的人口迁徙。

　　骆驼引入东部沙漠商路的动力来自纳巴泰人，或是熟悉纳巴泰人商队路线的鲁斯科木商人，这个认识已经将骆驼抵达非洲东北部与阿拉伯人作为一种显著的政治经济力量的崛起联系起来，而非洲采用的骆驼文化模式使这一联系更加清晰。然而，非洲和中东骆驼文化之间常常被提到的一种相似性，证明情况实际上是相反的。来自阿拉伯西北部的岩画和铭刻，风格与从毛里塔尼亚（Mauretania）到埃及的撒哈拉沙漠中岩画有关，这往往表明的是人群的迁移而不仅仅是思想和技术的迁移。[26]可是，事实上两个地区的骆驼描绘差别很大，因为许多阿拉伯的例子都会表现种驼勃起的阴茎——这是非常明显的，因为骆驼的阴茎通常在两腿之间向后，仅在勃起时改变方向，以及母驼怀孕时才会向上卷曲的尾巴，而撒哈拉艺术很少有上述两种姿势。[27] 阿拉伯艺术家显然在利用技能炫耀或表现其牧群的生育能力，而撒哈拉艺术家却另有动机。

真正显著的差异是在驼鞍设计和武器领域，说明骆驼技能是在公元前 2 世纪或前 1 世纪左右从阿拉伯人那里传来的。多亏了西奥多·莫诺德的细致工作，撒哈拉沙漠驼鞍设计的基本地理情况已经清楚。[28] 了解这一地理情况非常重要，因为中东的驼鞍设计只有北阿拉伯和南阿拉伯两种样式，而撒哈拉地区有多种多样的驼鞍样式。最值得注意的是，撒哈拉地区是三种非常不同的驼鞍的起源地，它们都被放置在驼峰前面的驼肩上。如前所述，骑手骑骆驼的位置有好多：骑在驼峰后方、上方或前方。南阿拉伯驼鞍利用了第一个位置，这在控制骆驼和使用武器方面效率最低。为应对骆驼骑战而演化出来的北阿拉伯驼鞍将骑手稳固地安置在更靠近骆驼头部的驼峰上方，并且离地面足够高，以部分弥补在战斗中骆驼对马的天然劣势。只有在撒哈拉沙漠以南，隔离在罗马或沙漠另一端北方其他马骑兵部队之外，驼鞍设计师才会利用驼峰前的位置。[29]

123   骑在驼峰前方的好处不少，其一就是更好的控制。骑手更靠近动物的头部，撒哈拉中部图阿雷格游牧人使用两种驼鞍（*terik* 鞍和 *tahyast* 鞍），坐在这样的鞍子上，骑者双腿可以放在骆驼的脖子上，能用脚趾驾驭骆驼。毛里塔尼亚和西撒哈拉的

124   *rahla* 鞍也是把骑手安置在驼峰前，却不便于用脚趾驾驭骆驼，不过这种驼鞍可能是很晚与阿拉伯人接触之后才发展出来的。[30] 除了便于控制，这种驼鞍还有更轻的优点，用简便的单肚带捆

扎，减少了调整驼鞍下的衬垫以适应驼峰大小的需要，以及将骑手的重量直接压在骆驼强壮的肩膀和前腿上而不是压在较弱的后半身或背部中间。总而言之，正如关注北非骆驼部队的欧洲军人多次指出的，就乘骑而言，人在驼峰前的位置明显优于驼峰上方。[31]

图 5　图阿雷格 terik 鞍　　　　图 6　图阿雷格 tanyast 鞍

　　既然撒哈拉肩鞍优于北阿拉伯驼鞍，问题就来了——肩鞍是如何发展的？为什么它在撒哈拉地区如此独特？这两个问题中的第一个可以得到有保障的回答：肩鞍从北阿拉伯驼鞍发展而来，尽管思路可能源自也门，因为同时期也门的一些墓碑显示骑手似乎骑在无鞍的驼峰前。[32]这个传承的证据有三方面。首先，在整个撒哈拉地区，不论驮鞍还是骑鞍都是在特定人群中使用的，女性的骑鞍是根据北阿拉伯驼鞍的基本架构制造的。[33]女性骑鞍设计中的这种保守倾向与阿拉伯半岛北部的阿拉伯部落极其相似，后者的女性鞍座是以南阿拉伯驼鞍而不是北阿拉伯驼鞍为基础的。[34]

127　　　　其次，撒哈拉肩鞍设计中保留的一些结构特征表明了它们和北阿拉伯驼鞍的渊源关系。在肩鞍上，鞍桥和鞍尾在底部互相收束而在顶部互相张开。当然，其间的差别也比北阿拉伯驼鞍两种类似的鞍弓（saddle bows）要小得多，因为驼峰前的空间比驼峰上的空间要小得多。在所有的设计中，都用一个单独的肚带连接到收束于鞍桥和鞍尾底部的部分，在一些设计中鞍底的部分实际上是相接的。尽管撒哈拉肩鞍的鞍桥和鞍尾非常接近，但在结构上不像南阿拉伯驼鞍那样。南阿拉伯驼鞍前部有两个由横的侧栏支撑的拱形结构用来放货物，而撒哈拉肩鞍经常像北阿拉伯驼鞍那样被斜的横杆支撑。鞍桥和鞍尾的交叉角度如此之大，以至于将交叉支撑的效果最小化的时候也是如此。[35]

　　北阿拉伯驼鞍和图阿雷格肩鞍的中间阶段可以在 *terke* 鞍上看到。*terke* 鞍在图阿雷格人家园和尼罗河之间的南撒哈拉提贝兹和恩尼迪高地（Tibesti and Ennedi highlands）的泰达（Teda）人中被普遍使用。*terke* 鞍的设计本质上就像北阿拉伯驼鞍，但

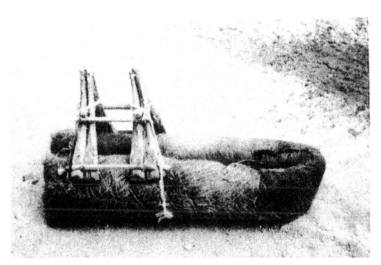

图 7　撒哈拉的南阿拉伯驮鞍

北阿拉伯驼鞍的前后拱是相同的，*terke* 鞍的后拱向后倾斜，就像图阿雷格肩鞍的鞍尾那样。因此，支撑骑手座椅的水平侧杆在后拱处比前拱处连接得更高，因此也更近，其作用是使座椅的前部宽而低，后部高而窄。骑手被迫坐在驼峰前部驼鞍的最前面，甚至坐在驼峰之前。从这个设计到图阿雷格肩鞍仅仅是把整个装置向前移动，缩短鞍桥和鞍尾之间的距离。在这里，坐在驼背前面较低位置的原则已经呈现出来了。

　　最后源自北阿拉伯驼鞍的证据是前面提到的撒哈拉岩画艺术的大量资料。为了给这个资料库中多种风格的图像建立相对年代表，人们倾向于把所有假定"最晚近的"或"骆驼的

（camelline）"图像放在一起排序。当然也不是都这么做，但在尝试给骆驼图像进行断代区分时，通常不把鞍座设计当作一项标准。[36] 不幸的是，没有一个专家有能力比较不同区域艺术作品中的鞍座设计来排列出相对的时间先后。因此，除了未能得出结论的德莫格特[37]，没有人对一个有趣的事实做出评论——事实上，从毛里塔尼亚到埃及东部沙漠的整个撒哈拉以南地区，只要发现骑手使用疑似北阿拉伯驼鞍骑在驼峰上方的图像，在同一区域就会发现他们骑在驼峰前方的图像（只有少数的例外，比如埃及西南部的 Jebel Uwainat[38]）。例如，在如今只用 *rahla* 肩鞍的毛里塔尼亚的阿德拉尔（Adrar）地区，发现了骑在驼峰顶上的骑手图像[39]；在图阿雷格人生活的阿哈格尔(Ahaggar)和塔西利（Tassili）高地，那里本来只用 *terik* 和 *tahyast* 肩鞍，也有图像中的骑者被描绘成坐在驼峰上方[40]。另一方面，在恩内迪（Ennedi），那里北阿拉伯驼鞍的泰达变体目前是程度最大的[41]，和埃及尼罗河以东沙漠地区一样[42]也发现了肩鞍的图像，几乎是在莫诺德所说的肩鞍分布东界的 2000 英里之外[43]。似乎不可避免地要得出这样的结论，历史上有些时候北阿拉伯驼鞍或其变式被用于今天那些不用肩鞍的地区，而在目前使用北阿拉伯驼鞍的地区曾经使用肩鞍。只有一个重要的例外：在沙漠北部受地中海古典文化影响的地区没有发现骑手骑在驼峰前方的图像。

132

　　肩鞍是源于土著柏柏尔部落民独立驯化野生撒哈拉骆驼的发明，这个论点由考维特提出并得到很多人追随，它得到这一事实的支持：现在肩鞍的中心区是在为图阿雷格人环绕的沙漠中最稳固的柏柏尔人区域。[44] 然而，女性鞍座、肩鞍与北阿拉伯驼鞍的结构相似性，以及岩画图像显示的在柏柏尔人心脏地带同样有骑手骑在驼峰顶上的证据，让这种论点无法继续。这些没有阿拉伯化的柏柏尔部落显然曾经使用过北阿拉伯驼鞍，但后来抛弃了它，改用肩鞍。

　　更满意的假说是，在撒哈拉南部沙漠边缘所发现鞍具的家族相似性，以及相同地区许多从北阿拉伯驼鞍到撒哈拉肩鞍的明显演化，反映了从上埃及和苏丹东部穿过撒哈拉南部直到毛里塔尼亚的骆驼养殖的传播模式。[45] 前已指出，由于尼罗河三角洲对游牧移徙构成障碍，比起地中海沿岸，南撒哈拉更可能是骆驼养殖的传播路线，鞍座设计的证据似乎证实了这一点。从苏丹西部达尔富尔（Darfur）开始，经恩内迪到提贝什蒂（Tibesti）、塔西利、阿哈格尔，直到伊福加斯（Ifoghas）的阿德拉尔，一系列崎岖的高地标示出一条连接南撒哈拉岩画艺术主要中心和上尼罗河谷地区的可能路线。即使在今天，它仍然是南部撒哈拉东西交通最重要的路线。[46] 一旦骆驼从埃及东部向南扩散到苏丹东部贝加人的家园，就再没有什么地理和农业的障碍阻挡它们经一个部落到另一个部落，一直传播到毛里塔尼亚。所有那些假说需要提供的是动机，由于岩画图像表明骆驼逐渐取代了马[47]，并且如前所述骆驼被引入非洲时已经发展成为军用坐骑，有充分理由推断，骆驼之所以更加受欢迎，是因为它在沙漠中的能力比马强。

于是，肩鞍的发展就变得更加有意义。肩鞍不像南阿拉伯驼鞍和北阿拉伯驼鞍，它不能用作驮鞍，但它是一种更好的骑鞍，显然是由一个将骑乘作为首要兴趣的人群发明的。此外，一些撒哈拉骆驼图像中出现的长矛，为"骆驼直到变成军用牲畜后才到达撒哈拉"这一观点提供了额外的支持。还有骆驼骑手引领马匹的图像，这表明阿拉伯人尝试转向骑马作战。然而，早先的武器仍在撒哈拉地区使用，在伊斯兰征服时对抗阿拉伯人的苏丹游牧民尤其擅长弓箭。[48]

在撒哈拉南部，似乎肩鞍是出于一种对优越骑鞍的需要，而从北阿拉伯驼鞍演变而来的。在提贝什蒂和恩内迪使用的 *terke* 鞍，代表一种特定土著人群仍在使用的过渡性设计，并且该区域的肩鞍图像可能代表图阿雷格人对泰达人的入侵。岩画艺术自然地遵循了设计的变化，尽管不同地区变化的确切时间一定不尽相同。在埃及和苏丹，由于征服者阿拉伯人后来重新引入北阿拉伯驼鞍，使得系年变得更加复杂，但是在驼峰前方安置骑手并用长矛武装的图像表明，肩鞍在现今的设计出现之前一直在该区域使用。[49]

　　回到骆驼在撒哈拉沙漠的另一端，即在罗马北非这些受古典文化影响的地区，骆驼的到来和利用的问题，因为骆驼从埃及沿着海岸传播，以及向北穿越撒哈拉传播，两者的相对重要性仍然需要确定。骆驼利用技术再次成为问题的关键，它所暗示的结论与之前关于北非骆驼文化的任何理论都不一致。罗马北非的骆驼技术的某些方面显示出独有的特征，根本不是源于埃及或叙利亚，甚至也不是源于柏柏尔部落。当然，其他方面就没有那么独特了。北阿拉伯驼鞍的使用可以从几尊骑骆驼的小塑像得到证实，但这可能是从埃及或柏柏尔人那里引进的，因为到那时柏柏尔人可能还没有转向使用肩鞍。[50] 此外，已知突尼斯使用像鞍袋一样悬挂在驼峰两侧却没有驼鞍的编织篮，出自埃及的罗马塑像也展现了这一点。[51]

　　独特的功能比技术引进的迹象更令人印象深刻。骆驼在罗马的黎波里塔尼亚和南突尼斯用于耕作和拉车[52]，6 世纪时它们在军事上还用于建立车阵，或由卧伏的骆驼组成防御圈，士兵们在其后徒步战斗[53]。在叙利亚、埃及或撒哈拉都没能证实有过这些做法。它们与迄今为止别的地方使用的骆驼技术极为不同，更可能是独立创新。

　　如果骆驼最初的引入路线是从埃及沿着地中海沿岸而来的话，很难想象骆驼会以这种创新的方式被使用。技术本应该在帝国这两个行省之间自由传播，从而发展出骆驼使用方式的相

138

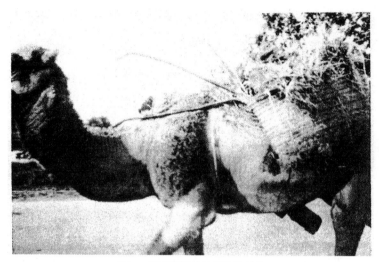

图 8   突尼斯地区使用的篮状鞍

似性，那就是基于埃及的模式。[54] 应该指出的是，德莫格特没有举出什么证据表明沿着这条商路的贸易有足够规模。事实上，她引用的证据表明，几乎在凯撒于突尼斯南部捕获朱巴骆驼的同时，这条沿岸路线上的骆驼仍不为人知。[55] 即使在 1000 年后的阿拉伯人统治时期，沿利比亚海岸行进的旅行者和商人还是更喜欢走海路而不是陆路。[56]

另一方面，罗马与沙漠柏柏尔人的关系则完全不同。在引进骆驼之前极少有跨撒哈拉的贸易，沿海人群敌视沙漠人群，特别是利比亚南部的加拉曼特人（Garamantes）。随着时间的推移，罗马人的统治深入内陆可耕作地区，已成为骆驼游牧民的沙漠人群仍然是一种威胁。为了把他们阻挡在定居区之外，必须设定精心安排的边防关卡和巡防哨所。[57] 换句话说，柏柏尔人并没有以同一时期阿拉伯人的那种方式融入定居社会。尽管柏柏尔人确实拥有控制跨撒哈拉商队贸易，并迫使贸易利润流向沙漠地区的军事潜力，但几乎没有什么像样的贸易可以去控制。与黑非洲的大规模贸易似乎直到伊斯兰征服才开始，在那之后，像阿尔及利亚的西吉玛萨（Sijilmasa）这样的沙漠商贸城市才在经济和政治上变得重要起来。[58]

很明显，罗马人从他们接触到的沙漠部落那里得到骆驼，而这些部落是从更南方的部落那里学会了养殖骆驼。但骆驼放牧向北的扩张可能远远慢于向西，不仅因为比起沙漠北部边缘或南部高地来，沙漠中部是一个更荒凉的区域，也因为北部和南部分别在冬季和夏季降雨（如果还有降雨的话），降雨季节的不同可能干扰了骆驼的繁殖周期，使适应环境变得困难。[59] 特别是加拉曼特人，他们养殖骆驼可能比较晚，因为他们的家园与更南部的骆驼繁殖区在地理上有些隔绝。[60] 因此，在被引入埃及东部沙漠几个世纪之后，骆驼才从南方大量地到达罗马统治区，就没有什么好奇怪的了。

当罗马人终于能够获得相当数量的骆驼时，时间可能在公元1世纪或2世纪初，必须决定如何使用它们。在这一点上，即使罗马人愿意学，他们从柏柏尔部落那里也学不到什么，

139

因为柏柏尔部落主要用骆驼来挤奶和乘坐。[61] 从埃及和叙利亚搜罗到的经验，可能对罗马把这种动物用作驮畜有些影响，因此，南阿拉伯驼鞍与北阿拉伯驼鞍可能是一起引进的。目前，这两种类型的鞍具在北非和撒哈拉都用于载货。不过，由于缺少大型商队贸易，这种利用受到了一定程度的限制。

为了把突尼斯南部和的黎波里塔尼亚的半沙漠土地变成农田，罗马人真正需要的是动物的牵引力，正是出于这个目的，他们改造了这种新动物。保养成本的差异帮助骆驼取代轮子，更东部则将骆驼与牛一起作为犁畜（plow animal）。至于对轮式运输的影响，把骆驼和犁结合在一起的利用方法似乎至少在部分区域使得骆驼被用于拉货车。这种特别的发展将在第七章中得到详细讨论，但是骆驼被用于拉车的事实使我们不清楚骆驼在北非是否真的取代了轮子。看起来骆驼似乎确实取代了轮子，而且从长远来看，骆驼作为驮畜的效用被证明大于作为牵引挽畜，特别是在沙漠商队贸易扩大之后。但是，当时北非使用轮式车辆的程度究竟如何，因信息太少而难以判断。

140　　　总的来说，骆驼在北非的发展历程与中东非常不同，但两者间还是有一定的间接联系。柏柏尔人没有起到和阿拉伯人一样的作用，但如果不是阿拉伯人作为一个经济和政治力量兴起，非洲引进骆驼养殖可能就不会发生得那样早。在中东，定居社会在使用骆驼之前很早就已知晓骆驼；在北非，人们几乎

图 9 突尼斯驼车的挽具

一接触这种动物就开始使用它。在中东，骆驼养殖者和农民之间存在着一条鸿沟，只有在鸿沟上架起桥梁，骆驼才可能得到普遍使用。架起桥梁意味着接受骆驼牧民作为该地区经济和社会整体的一部分。对于罗马帝国来说，接受骆驼在中东已经实现，因而不必在非洲殖民地重复这一复杂过程。骆驼已被普遍视为一种有用的动物。结果，罗马农民把柏柏尔人的骆驼拿过来另有所用，而这需要全新的技术。但是，养殖骆驼的柏柏尔游牧民遭到定居社会排斥，一直格格不入。直到在北方商人推动下的跨撒哈拉商队贸易发展起来之后，撒哈拉的骆驼游牧民才经历了与定居社会地位的相对变化，如同几个世纪前阿拉伯人所经历的那样。

注释

1. *Annales: Économies, Sociétés, Civilisations,* 15 (1960)，pp. 209-247.

2. Cauvet, *Le Chameau,* I, 30-38; Vincent Monteil, *Essai sur le chameau au Sahara occidental* (St. Louis du Sénégal：Centre I.F.A.N., 1953), pp. 127-131. *méhari* 这个词是阿拉伯语*mahārī*的法语拼写，后者是*mahrī*这个词的复数形式，原意指阿拉伯Mahra地区的一种骆驼（见本书第二章）。法语中的"骆驼骑兵"是*méhariste*。考维特试图否认该词的阿拉伯语语源(I, 72)，但早在公元7世纪它的这一含义就在伊拉克被使用了。参见Dostal, *Die Beduinen,* p. 64.

3. 地理学家E. F. Gautier写道："正是罗马使骆驼适应了马格里布。这至少不是一个假设。人们尚未想出更好的历史事实来解释。"*Les siècles obscurs du Maghreb* (Paris: Payot, 1927), p. 182.

4. *Caesar: Alexandrian, African and Spanish Wars*, tr. A. G. Way (Cambridge, Mass.: Harvard University Press, 1964), p. 251.

5. *Ammianus Marcellinus*, tr. John C. Rolfe (Cambridge, Mass.: Harvard University Press, 1965), 28.6.5. 德莫格特认为正确的数字可能是400。（"Le Chameau et l'Afrique," p. 234) 然而在20世纪，利比亚的骆驼人口已超过30万，这让4000看起来不像是一个不合理的数目。参见*Production Yearbook 1971* (Rome：Food and Agriculture Organization of the United Nations, 1972), p. 338.

6. Demougeot, "Le Chameau et l'Afrique," pp. 241-247.

7. Cauvet, *Le Chameau*, I,14, 37, 608; Yolande Charnot, *Répercussion de la déshydratation sur la biochimie et l'endocrinologie du dromadaire* (Rabat: Institut Scientifique Chérifien,1960), p. 8.

8. Josef Freiherr von Hammer-Purgstall在他有关骆驼的阿拉伯语术语的详细汇编中引用了一个含义 "weiss- und schwarzgesprenkelten," 但他没有说这个术语在哪里被使用。参见*Das Kamel*, Denkschriften der kaiserlichen Akademie der Wissenschaften. Philosophisch-historische Classe, 6 (Vienna, 1855), 22。

9. Henri Lhote, "Le Cheval et le chameau dans les peintures et gravures rupestres du Sahara," *Bulletin de l'Institut Fondamental d'Afrique Noire*, 5 (1953), pp. 1138-1228.

10. Cauvet, *Le Chameau*, I, 30-31. 考维特将最初由E. Lefébure为埃及所作的论述延伸至撒哈拉沙漠, "Le Chameau en Égypte," *Actes du XIVe Congrès International des Orientalistes*: Alger 1905 (Paris: Ernest Leroux, 1907), part II, sec. VII, pp. 55-62。Lefébure的论文认为科普特基督教的习俗源于前基督教时期埃及的宗教习俗，但实际上没有证据支持这种论点，因为古埃及语言中没有关于骆驼的词，因此无法表达禁止吃或描画这种动物的禁令。

11. Cauvet, *Le Chameau*, II, 165.

12. Nicolaisen, *Ecology and Culture*, pp. 63-65,100,103.

13. 在巴基斯坦的印度河河口，以及以前在西班牙的瓜达尔基维尔河口，骆驼站在沼泽深水中，以水生植物为食。Leese, *The One-Humped Camel*, p. 55; Abel Chapman, *Wild Spain* (London: Gurney and Jackson, 1893), pp. 94-101.

14. 有关撒哈拉沙漠的经典地理著述是Robert Capot-Rey的*L'Afrique blanche française*。参见Robert Capot-Rey, *L'Afrique blanche française*, vol. II, *Le Sahara français* (Paris: Presses universitaires de France, 1949-1953)。更简短的著

作是E. F. Gautier的《撒哈拉：大沙漠》（除去其中有关骆驼的篇章）。参见E. F. Gautier, *Sahara：The Great Desert* (New York: Columbia University Press, 1935)。

15. Cauvet, *Le Chameau*, I,29; Leese, *The One-Humped Camel*, p. 59.

16. Lefébure, "Le Chameau en Égypte", pp. 36-38. 对亚历山大大帝乘骑骆驼参观埃及西部沙漠的锡瓦绿洲的故事，德莫格特表示强烈怀疑。("Le Chameau et l'Afrique," pp. 218-219)

17. Lefébure, "Le Chameau en Égypte," pp. 47-49; Strabo, 16.4.24; 17,4,45, 65; Pliny, *Natural History*, tr. H. Rackham (Cambridge, Mass.: Harvard University Press, 1969), 6.102,168.

18. M. Cary, *A History of the Greek World*, p. 296.

19. M. P. Charlesworth, *Trade-Routes and Commerce of the Roman Empire* (Cambridge, Eng.: Cambridge University Press, 1924), p. 22.

20. Zeuner, *Domesticated Animals*, figs. 13:20-21.

21. H. A. R. Gibb, "ʿAydhāb," *Encyclopaedia of Islam*, new ed., I, p. 782; A. J. Arkell, *A History of the Sudan from the Earliest Times to 1821* (London: University of London, the Athlone Press, 1961), pp. 170-171, 178-179.

22. Strabo, 16.4.24.

23. 贝加语与阿拉伯语有较远的亲缘性。他们对骆驼*kām*的说法也许与阿拉伯语*jamal*有关。关于该地区的部落，参见A. Paul, *A History of the Beja Tribes of the Sudan* (Cambridge, Eng.: Cambridge University Press, 19S4), 以及P. M. Holt, "Bedja," *Encyclopaedia of Islam*, new ed., I, pp. 1157-1158。关于*kām*请参考I. M. Diakonoff, *Semito-Hamitic Languages: An Essay in Classification* (Moscow: Nauka, 1965), pp. 55-56。对于后一条资料，我要感谢Marina Tolmacheva

博士。

24. Dows Dunham, *Royal Tombs at Meroë and Barkal* (Boston: Museum of Fine Arts, 1957), p. 127, fig. 82, pl. XLIXf. 这个塑像的鞍座设计显示它可能受到来自索马里的影响。

25. Demougeot, "Le Chameau et l'Afrique," p. 243.

26. 在这些研究者中佐伊纳（F. E. Zeuner）曾对两者做过比较。参见Zeuner, *Domesticated Animals*, pp. 342,352。当然，一定有人作为技能和技术的承载者带着骆驼一起来。应该指出在埃及东部沙漠的贸易路线上发现了Thamudean（早期阿拉伯语）铭文。参见 H. von Wissmann, "Badw," *Encyclopaedia of Islam*, new ed., I, pp. 887-888。

27. G. E. M. Hogg, in "Camel-Breeding," chap. II of H. E. Cross, *The Camel and Its Diseases* (London: Baillière, Tindall, and Cox, 1917), pp. 36-37, 写道："所有那些我刚刚向你指出的怀孕的雌骆驼（*dachis*）离开了驼群（离开种骆驼），翘起它们的尾巴……据说一峰雌骆驼如果怀孕了就会这样做。"

28. Theodore Monod, "Notes sur le harnachement chamelier," *Bulletin de l'Insiitui Fondamental d'Afrique Noire*, 29, ser. B, (1967), pp. 234-306.

29. 从岩画中可以看出，在引入骆驼之前，撒哈拉地区使用马拉战车和牛拉战车；岩画还描绘了骑马的情况。但是，作为成建制军事力量意义上的骑兵不可能存在，因为马这种动物是在无鞍的情况下骑行并用棍子指挥的。参见Lhote, "Le Cheval et le chameau"。

30. 使用*rahla*鞍地区的与骆驼相关的词汇有90％是阿拉伯语，参见Monteil, "Essai."使用*terik*和*tahyast*鞍的图阿雷格人在他们的骆驼词汇中没有阿拉伯语。参见 Nicolaisen, *Ecology and Culture*, pp. 92-102。

31. Vitale, *Il Cammello*, pp. 253-254; Lt.-Col. Venel and Capt. Bouchez, *Guide*

de l'officier méhariste au territoire militaire du Niger (Paris: E. Larose, 1910), pp. 100-105.

32. British Museum #125682. 现今在也门似有利用驼峰前部位置的驼鞍设计，但我无法找到有关它的描述或适当的照片。局部的照片出现在Richard Gerlach《也门图像》（*Pictures from Yemen*）的封底上。（Leipzig: Edition Leipzig, n.d.）由于没有更多信息，仍无法确定这种设计是受到南部阿拉伯人的影响，还是一种独立的当地发明。

33. Monod, "Notes," figs. 16-20; M. Benhazera, *Six mois chez les Touareg du Ahaggar* (Algiers, 1908), p. 40; Nicolaisen, *Ecology and Culture*, fig. 75.

34. Dostai, *Die Beduinen*, p. 154.

35. Monod, "Notes," figs. 21-23. 莫诺德也将图阿雷格肩鞍的起源归于北阿拉伯鞍而非南阿拉伯鞍。（莫诺德前揭书第265页）

36. 汉斯·温克勒对上埃及的布莱米人和后来阿拉伯人的骆驼绘画风格进行了细致区分，但他没有指出前者显示骑手坐在驼峰之前，而后者骑在驼峰之上的事实。Hans A. Winkler, *Rock-Drawings of Southern Upper Egypt* (London: Egypt Exploration Society, 1938), I, 15, pls. I, III-IV.

37. Demougeot, "Le Chameau et l'Afrique," pp. 212-213.

38. Winkler, *Rock-Drawings*, II, 20, pls. XXX, XXXIII.

39. Theodore Monod, ed., *Contributions à l'étude du Sahara occidentale* (Paris：Librairie Larose, 1938).

40. Henri Lhote, "Nouvelle contribution à l'étude des gravures et peintures rupestres du Sahara Central; la station de Tit (Ahaggar)," *Journal de la Société des Africanistes*, 29 (1959), pp. 147-192.

41. Peter Fuchs, "Felsmalereien und Felsgravuren in Tibesti, Borku und

Ennedi," *Archiv für Völkerkunde*, 12 (1957), pp. 110-135.

42. Winkler, *Rock-Drawings*, I, pls. III-IV; O. F. Parker and M. C Burkitt, "Rode Engravings from Onib, Wadi Allaki, Nubia," *Man*, 32 (1932), pp. 249-250.

43. Monod, *Notes*, fig. 57.

44. Cauvet, *Le Chameau*, I,37; Monteil, *Essai*, pp. 127-131.

45. 其他人也已指出了这种传播途径，包括H. von Wissmann、Paul Huard和Jean-Ciaude Feval。参见 H. von Wissmann, "Badw," p.889, 以及Paul Huard and Jean-Claude Féval "Figurations rupestres des confins Algéro-Nigéro-Tchadiens," *Travaux de l'Institut de Recherches Sahariennes*, 23 (1964), p. 86。

46. 主要的东西向路线穿过达尔富尔，然后经沙漠南部穿过拉米堡（Fort Lamy）和卡诺（Kano）到达尼日尔河。连接高地区域的路线大部分是需要辨认的、人为标记的小径，而不是正式的道路。

47. 洛特（Henri Lhote）指出，骆驼引入后岩画未见明显变化。莫诺德也从图像方面题材的交叠指出了这一点。参见Lhote "Le Cheval et le chameau," pp. 1216-1217和Monod "Peintures rupestres du Zemmour français [Sahara occidental]," *Bulletin de l'Institut Fondamental d'Afrique Noire*, 13 (1951), 200。

48. Al-Balādhurī, *Futūḥ al-Buldān*, ed. Ṣalāḥ ad-Dīn al-Munajjid (Cairo: an-Nahḍa al-Miṣriya, [1956]) p. 280.

49. Winkler, *Rock-Drawings*, I, pl. III.

50. Demougeot, "Le Chameau et l'Afrique," pls. II A-C. 这些小塑像与在伊拉克尼普尔发现的同类有惊人的相似之处。参见Leon Legrain, *Terra-cottas from Nippur* (Philadelphia: University of Pennsylvania Press, 1930), pl. LXI, #325。在突尼斯南部加贝斯发现的一盏相比前述塑像较晚的基督教灯上有一个

冲压的骆驼纹样，显示驼鞍装在驼峰之上。参见*Catalogue du Musée Alaoui* (Supplement) (Paris：Ernest Leroux, 1910), p. 246, pl. XCVII #6。位于埃及 Kharga绿洲al-Bagawat墓地的一座礼拜堂里有几张《旧约》场景的图像，描 绘了载货和乘骑的骆驼。这些图像都表现了北阿拉伯鞍，并且可以追溯到 公元4世纪上半叶。参见Ahmed Fakhry, *The Necropolis of el-Bagawāt in Kharga Oasis* (Cairo: Government Press, 1951), pp. 50, 60, 65。

51. Zeuner, *Domesticated Animals*, fig. 13:21.

52. 详细讨论请阅读本书第七章。

53. Procopius, *History of the Wars*, tr. H. B. Dewing (Cambridge, Mass.：Harvard University Press, 1961), 3.8.23-27; 4.11.17-56. 曾出现过厚达十二层的骆 驼阵。

54. 这两个区域之间最显著的区别在于拖曳重载用的挽具，埃及人基本 上使用南阿拉伯鞍，而突尼斯人只是在骆驼肩部设置编织的带子。

55. Demougeot, "Le Chameau et l'Afrique," p. 218. 德莫格特的大多数证 据都与从尼罗河到红海的路线有关（前揭书第244页），但很难看出为什么 她描绘的从底比斯经格兰德绿洲（此处存疑）、西瓦到奥吉拉的沙漠路线 （第232页反面），比顺尼罗河到亚历山大港再向东沿海岸航行这样便宜又 舒适的水路更受欢迎。

56. S. D. Goitein, *A Mediterranean Society*, vol. I, *Economic Foundations* (Berkeley: University of California Press, 1967), pp. 275-276.

57. Demougeot, "Le Chameau et l'Afrique," pp. 241-242; Ch.-André Julien, *Histoire de l'Afrique du Nord* (Paris：Payot, 1961), I, pp. 200-201.

58. 西吉玛萨仅在8世纪变得重要。参见Julien, *L'Afrique du Nord*, II, 39。它最终成为西马格里布地区跨撒哈拉贸易的北部枢纽。古达米斯

（Ghadamès）在东撒哈拉地区的贸易中发挥着同样的作用，但它在政治上从未像西吉玛萨那样重要。通过古达米斯的贸易可以追溯到罗马时期，但在穆斯林统治下更为繁荣。参见J. Despois, *"Ghadamès," Encyclopaedia of Islam*, new ed., II, pp. 991-992。

59. 参见本书第二章。

60. 关于加拉曼特人请参考Charles Daniels, *The Garamantes of Southern Libya* (New York: Oleander Press, 1970)。

61. Nicolaisen, *Ecology and Culture*, pp. 54-105.

伊朗：单峰还是双峰?

本书至此还甚少论及双峰驼，但当我们把目光转向伊朗高原，双峰驼便在舞台的中央。历史上波斯政权的主要中心要么在底格里斯河－幼发拉底河流域，要么在今伊朗、阿富汗和土库曼斯坦的多山高原地带。族群意义上前者并不是说伊朗语（Iranian）人群的居住地，后者才是。后者也正是被驯化的双峰驼的故乡，对双峰驼的牧养正是从这里传播开来，不仅传遍整个伊朗高原，还传到伊拉克、美索不达米亚、安纳托利亚、印度和中亚等相邻地区。但在时间长河的某一个节点，这一传播过程发生了反转。被驯化的双峰驼的生存范围大幅度缩减，以至于今天在阿富汗北部以及阿姆河流域（中亚），双峰驼已无影无踪。

双峰驼这一神奇的扩散与收缩过程从未有人研究过，甚至从未被注意到。有关骆驼的文献资料对北非骆驼记载地最多，对中东骆驼亦颇有涉及，再往东就语焉不详了。[1]前已提及古伊朗轮式运输的发展程度尚难确定，同样不太明了的是古伊朗牧养骆驼的情况。发生在叙利亚沙漠以西的罗马地盘上的运输结构变化，很可能也发生在沙漠以东的波斯帝国的土地上——本章后面会对此假设提供数据支撑，但绝不能说，伊朗高原上驮载骆驼替代车辆的程度也同样剧烈。能够确定并在一定程度上进行解释的，是单峰驼在伊朗替代双峰驼，差不多与其他地区单峰驼替代轮子时间上大致吻合。车辆运输在伊朗也许很早就被双峰驼驮载所取代，但这一点远非确定，因为正如下文将要论述的，和单峰驼不同，双峰驼非常早就被用来拉车了。

　　显然，解这样的谜首先得探究被驯化的双峰驼的起源。不过我们还是先看看，单峰驼与双峰驼交配的话会怎么样。写骆驼的书里好多相关说法，特别是有关杂交骆驼不具备繁殖能力的论断，都是错误的。常见引用的资料是法国驻阿勒颇的领事波农（H. Pognon）写于 1899 年 1 月 8 日的一封信，但研究者较少注意到苏联已就此进行过科学实验，要知道苏联既有单峰驼又有双峰驼，前者由土库曼斯坦的土库曼部落牧养，后者由吉尔吉斯斯坦的吉尔吉斯部落牧养。[2]有关这个问题的错误认知真是让人遗憾，因为杂交骆驼在伊朗和安纳托利亚的骆驼史上扮演了重要的角色。[3]本章所附有关杂交的多种语言术语表，其资料来源包括苏联的现代研究，以及主要可追溯至中世纪的史料，那时人们对杂交骆驼已经很熟悉并且记录下来。[4]

稍后我们会在讨论另一个问题时再说这张术语表，但这里要指出，单峰驼与双峰驼是可以交配的，其后代（第4类）显示出所谓"杂交优势"，即杂交后代比父母任何一方都更高大强壮。随后，如果杂交骆驼与纯种骆驼交配，其后代会体现纯种骆驼的特征（第8、9类）。如果杂交骆驼与杂交骆驼交配，其后代会出现生理退化，丧失其经济价值（第7、10、11类）。单峰驼与双峰驼交配产生的第一代杂交骆驼，其驼峰或者是相当长的单峰，或者是长长的单峰上呈现一个明显的4—12厘米深的凹陷，这个凹陷使得驼峰的前半部分明显小于后半部分，而两种驼峰是随机出现的。[5]之后再次杂交所得的后代，其驼峰与纯种父母的驼峰相同。

有两个地点最常被假定为被驯化的双峰驼的起源地：一是巴克特里亚，这是对阿富汗北部阿姆河河谷的古典称呼；一是蒙古或中国西北部。对于巴克特里亚，没有太多好讲，除了一点，即希腊语用巴克特里亚这个地名来称呼双峰驼。当然，希腊人接触双峰驼之时，双峰驼已经完成驯化许多个世纪了。[6]另一个假定起源地，是今天所谓的野生骆驼唯一的生存之地。围绕着野生骆驼这一话题，旅行者和学者已争论了数十年。[7]争论的核心即是，野生骆驼到底是真正的野生物种，还是被驯化的骆驼逃进沙漠所留下的后代。科学检测似乎最终平定了这个争论，检测结果倾向于认为，尽管时不时地有逃到野外的被驯化的骆驼与其交配繁殖，这些野生骆驼体内至少存在一些真正的未驯化特征。[8] 对此，最具说服力的证据即是，野生骆驼的胸部没有大型角质硬垫，这个硬垫在骆驼趴下休憩时可起承重作用。相对应的，被驯化的骆驼在母腹中时，其胸部和腿关节处已呈现出角质组织了。当然野生骆驼膝盖部位也有角质硬垫，但胸部硬垫的缺失，明显是野生骆驼在基因上与被驯化的骆驼的一个巨大区别。[9] 但是，这一点也不能证明蒙古戈壁或罗布泊是被驯化的双峰驼的起源地，这只能说明，当其他地区的野生骆驼已尽数消亡，这里的野生种群却幸存了下来。鉴于公元前 4 或前 3 世纪以前中文史料并无有关双峰驼的记载，这一假定起源地，与巴克特里亚一样，都应予以排除。

148

　　借助近年的考古发现，越来越清楚的是，双峰驼的驯化起源地，在今伊朗东北部呼罗珊省与苏联土库曼斯坦的边界地带。[10] 最早的证据是出土于德黑兰以南希亚尔克（Siyalk）遗址的一块陶片，上面的形象看起来像是双峰驼。[11] 这块陶片年代为公元前3000 年至公元前 2500 年之间，没有迹象表明这一形象是家畜。更重要的证据是，出土于土库曼斯坦的公元前 2500—前 2000 年的遗址的骆驼骨，以及出土于公元前 2000—前 1600 年遗址的四轮车泥土模型，它们上面有骆驼扬起长颈和头部的形象。[12]

149

伊朗东部锡斯坦省的考古发掘，则出土了同一时代的、装有骆驼粪便和骆驼毛织品碎片的泥土罐子。[13]土库曼斯坦考古遗址出土的器物，与伊朗南部出土的器物，有着显著的相似性，因此可以假定，那时被驯化的骆驼存在于相当广泛的地区。[14]中亚其他地区未发现公元前1500年之前的骆驼遗迹，意味着没有证据显示骆驼驯化技术是从北方或东方传至土库曼斯坦的。而出土器物所显示的骆驼与四轮车之间的联系，则表明骆驼的驯化已发展到成熟阶段。因此，骆驼驯化的时间完全有可能比公元前2500年还要早好几个世纪。

但是，上述考古发现中的骆驼真是双峰驼吗？这还只是个假定，现有证据还不足以明确证实。较晚的证据颇有利于此一假定，更早的证据却发出了疑问。发出疑问的资料之一，便是在靠近卡塔尔半岛的阿拉伯东岸发现的文化堆积，与伊朗东南部发现的文化堆积具有紧密联系。[15]似乎可以肯定，从伊朗出发的某个人群跨过将伊朗和阿拉伯半岛分开的狭窄海峡，抵达阿拉伯。阿拉伯的岩画显示这些人是在他们的新家园邂逅了单峰驼。但是目前我们无法确认，他们遇到的单峰驼是驯养的还是野生的，他们是否将一些单峰驼带回了伊朗南部，又或者，骆驼驯化技术，是否正是经由这一不太可能的路径，从伊朗传至阿拉伯半岛或正相反。即使骆驼驯化技术是通过这一路径进行传播的，鉴于在阿拉伯半岛和伊朗，人们对骆驼的役使方法具有根本性的不同，我们也能排除某种假想，即那一时期，在阿拉伯半岛和伊朗之间，在骆驼牧养方面，存在过某种技术交流。双峰驼通常用鼻钩控制，而所有的早期证据都显示，阿拉伯单峰驼是用口套带来控制的。[16] 前者也许显示了伊朗养牛技术的影响，后者则显示了养驴技术的影响。

　　斯坦因（Aurel Stein）爵士在伊朗东南部的一座古墓中发现一个青铜镐头，镐头的钝端造型是一峰跪立的骆驼，镐头的年代只能从造型风格来推定大概在公元前 2600—前 2400 年之间。[17] 镐头钝端的动物形象能够提供的信息，有易生歧义之处，使问题更加复杂。这个动物形象是骆驼无疑，头部和颈部的造型尤其写实，但歧义之处在于，只有一个驼峰，且驼峰的位置过于靠后，与现实中的单峰驼不符。那么，是驼峰错置的单峰驼，还是丢失了一个驼峰的双峰驼，又或者是另一种几乎不可能的情形，如佐伊纳所说，[18] 是不为人知的另一个骆驼品种？如果是单峰驼，则这件器物能够有力地证明，骆驼或者与骆驼有关的文化是从阿拉伯半岛经由波斯湾传播到了伊朗的。但是，有证据表明这不是单峰驼。因为这个动物形象的头部和颈部显示有非常厚重的毛发，这在伊朗北部和中亚的骆驼中相当普遍，但在阿拉伯半岛和伊朗南部的热带气候里，骆驼并不长有厚重毛发。至于说这是不为人知的另一个骆驼品种，则尚未有其他证据可以印证。

话说回来，如果这个动物形象真的是双峰驼，那么另外一个驼峰去哪儿了呢？经金相分析认定，骆驼前端左侧的凸起本来是造型的一部分。[19] 这个凸起只能是另一个驼峰被侵蚀残存的部分，原本是挂在骆驼的一侧的，而非垂直立于驼背。驼峰松弛现象常见于双峰驼，也是单峰驼与双峰驼的一个显著区别。在这个造型中，驼峰松弛得相当夸张，这一艺术处理的必要性是可以理解的，因为背部太短，不能将两个驼峰都写实地垂直排列其上。还可以观察到，为了与松弛的那个驼峰相平衡，目前仅存的这个驼峰，明显向右侧倾斜。这在现实中是普遍现象，证实了有关消失了的另一个驼峰的解释。综上，这个动物形象最可能是双峰驼，这也进一步说明，从伊朗东北部至东南部的早期伊朗骆驼文化基本是同类的，并没有受到阿拉伯半岛的影响。[20]

在驯养的最初期，骆驼与整个畜牧经济的关系如何，是一个有待解决的问题。正如迁徙到阿拉伯半岛南部的闪米特人消灭了该地更早的文明，伊朗东北部的早期城市文明，也遭遇了相同的命运。伊朗东北部的早期城市文明，衰落于公元前 1800 年左右，驯养双峰驼的最早证据即出现在此地区。之后的几个世纪里，从北部迁徙而来的印-伊语（Indo-Iranian）人群的文化在整个伊朗东北部占了上风，早期人群的认同彻底消失。前文曾提及，考古发现已经证明，人们收集骆驼粪便作为燃料，并将骆驼的毛发编进织物，但骆驼的粪便和毛发都可以从野生骆驼那里获得，因此，有关骆驼驯化唯一有力的证据，即是四轮车模型中出现的骆驼头部。但是，即便这个证据也存在含混之处，因为这个骆驼牵引的四轮车模型唯一一张得以印刷出版的照片，所显示的动物形象并不能确定为骆驼。[21] 但既然骆驼形象已发现了这么多，这种比对在其他例子中也许会更清晰。

　　所有这些都意味着，伊朗东北部的物质证据比同期阿拉伯南部留存更多，但后一地域今日骆驼牧养的实践中可能会保存某些古老传统，而今伊朗东北部已不复存在双峰驼，因而现代人类学数据提供不了任何线索。不过，一个决定性的证据提出这样一种可能性：双峰驼牧养在伊朗东北部从未超出有限的规模。这个证据便是考古发掘出土的遗骨。在锡斯坦的沙赫里苏克塔（Shahr-i Sukhta）遗址，就是那个出土了装有骆驼粪便和骆驼毛织品碎片的泥土罐子的遗址，发现的近百万骨片中没有一块被鉴定为骆驼骨。[22] 在土库曼斯坦的阿瑙遗址，公元前 2700—前 2000 年的地层中出土的骨骼只有 5% 是骆驼骨。[23] 在印度河谷的哈拉巴只发现了 3 块骆驼骨，那是一个印－伊语人群到来之前的城址，与同时代土库曼斯坦的遗址存在文化联系。[24] 简而言之，驯化双峰驼的人群的牧养数量从来都是很少的。第二章已经讨论过，双峰驼在其被驯化之际是一种处于灭绝边缘、生存于荒凉地带的稀有动物。[25] 因为它大而壮，故而

153

像牛一样拉犁或拉车似乎是合理的；这解释了为控制而采用鼻钩的原因，也可以解释为什么驯化唯一具体的证据与四轮车有关。但既然驯化双峰驼的相关人群已经有了牛、绵羊、山羊和越来越多的马，便有充足理由怀疑骆驼在畜牧经济中是否那么重要。与阿拉伯南部早期居民不同的是，伊朗语人群到来之前的原住民维持生计并不真的需要骆驼，当然也没有发展出一套主要基于骆驼牧养的游牧经济。

伴随着印－伊语人群来到伊朗高原，关于双峰驼的信息多了起来。关于这一重大迁徙的时间聚讼纷纭，但少数言之成理的推测认为早于公元前 1700 年。确定印－伊语人群最早典籍的时间同样困难，包括《梨俱吠陀》(*Rig Veda*) 和《阿维斯陀》(*Avesta*) 较早期的部分，二者分别是印度语人群和伊朗语人群的宗教文本，但产生它们的文化属于最早迁徙的人群。《梨俱吠陀》和《阿维斯陀》两书中指骆驼的词都是 *ushtra*，该词在两书中的出现使得年代问题变得重要。[26] 这个词是伊朗和印度后来大多数有关骆驼的词汇的来源（现代波斯语：*shotor*；印地语：*ūt*；阿萨姆语、孟加拉语、奥里亚语：*ut*；达尔德语：*tor*；俾路支语：*ushtir*），但该词与处于印－伊语影响下的以西以北地区的任何指骆驼的印欧语词汇都毫无联系（哥特语：*ulbandus*；古挪威语：*ulfalde*；古高地德语：*olbento*；俄语：*verbliud*；波兰语：*wielbłąd*）。[27] 当然，我们用的 camel 一词本身是通过希腊语借自

154

闪族语的。印欧语系的印－伊语族与西方诸语族基本词汇的分野充分说明，印－伊语人群是在他们的迁徙中第一次碰到骆驼时创造出了 *ushtra* 一词。也有考古学证据支持这一结论。最早的骆驼骨发现于俄罗斯的安德罗诺沃文化的遗址，是该遗址所见 53 种动物骨骼之一。安德罗诺沃文化位于乌拉尔山南部、哈萨克斯坦北部，年代为公元前 1700—前 1200 年，被认定归属于印－伊语人群。[28] 其他印欧语人群则是在别的时代和文化背景中遭遇了骆驼，创造了另一个不同的词来描述它。

那么，被选来指称骆驼的这个词，其含义究竟是什么？自然，它可能借自印－伊语人群迁入地区的某些语言[29]；但种种迹象表明它其实来自一个印欧语词根。常见的观点是这个词既指水牛又指骆驼，前一个含义是最初的含义，而词根的意思是"闪耀的东西"（梵语词根：*vas*；阿维斯陀语词根：*vah* ="闪耀"）。[30] 然而，有一些理由可以拒绝这一解释。最直接而有说服力的事实是，骆驼和水牛都与"闪耀的东西"这一修饰语不搭。不仅如此，该词"水牛"这个义项也充满争议[31]，现代语言中所有源自 *ushtra* 的词汇无一例外都指骆驼。而且，*ushtra* 出现在公元前 6 世纪的一篇古波斯语（一种不同于阿维斯陀语的语言）铭文中也指骆驼；且自公元前 11 世纪阿卡德语就使用显然借自印－伊语族的借词 *udru* 或 *uduru* 表示双峰驼。[32] 因此，*ushtra* 和水牛之间的联系应该是不存在的。

该词更具说服力的词源是假定的印欧语词根 *vegh*（拉丁语：*vexo*；梵语：*váhati*），意为"搬运"。[33] 根据一般的语音学规则，这一词根的梵语形式应当是 *udhra* 而非 *ushtra*，但来自同一词根且语义相关的词汇（梵语：*vodhṛ* 和阿维斯陀语：*važdra* ＝"带着向前的某物"；阿维斯陀语：*vaštar* 和《梨俱吠陀》：*ustṛ́* ＝"挽畜"）的影响可以解释这种反常现象。支撑这一词源的证据既包括前述阿卡德语词——它不可能来自词根 *vah*，也包括土库曼斯坦的土库曼部落使用的、列于骆驼术语表上指双峰驼的词。这个词是 *azhrī*，与任何指骆驼的纯突厥语词都无关，也不是来自现代波斯语。[34] 它很可能是一个借自诸如花剌子模语等土库曼斯坦境内早期的印－伊语词。

因此，从印欧语言学证据可得到显而易见的结论：印－伊语人群到达养骆驼的国家之际、印度语族与伊朗语族未分化之前，他们采用了一个词来指骆驼，该词意味着一种驯化模式，其特征是把动物用于运输。这一结论有助于证实苏联考古学家的推理，这一推理来自对骆驼拉四轮车的发现，即早在公元前3千纪的前500年，在土库曼斯坦双峰驼就用于拉四轮车，这也意味着印－伊语人群仅仅是继承了他们所取代的人群的骆驼使用模式。

Ushtra 一词在存世最古的文本中的使用可以进一步证明这一点。《梨俱吠陀》（8.6.46）有"授予四对骆驼"（*ústrān catur-*

yújo dádat）。*yújo* 一词既表示成对也表示轭，它不能用来给像
绵羊那样习惯上不必两两出现的动物计数；因此骆驼成对出
现的现象一定非常常见，这便意味着将骆驼上轭并用于牵引。
ushtra 唯一一次出现于古波斯语中，所指称的动物就是用来搬
运重物。居鲁士让人写的铭文中提到这个词，铭文内容是说他
的人骑骆驼是出于运输而非战斗目的。[35] 也许军中驮载骆驼就
是在这种特定情形下使用的。后来居鲁士尝试让战士骑上驮载
骆驼，来恐吓敌人的马匹。[36] 第二次提到的骆驼不知道是单峰
驼还是双峰驼。回到印度这边，公元前若干世纪汇编的《摩奴
法典》（*Laws of Manu*）和生活于公元前 2 世纪的语法学家帕坦
伽利（Patanjali）的著作，都特别提到了骆驼牵引两轮车。[37] 此
外，斯特拉波引用亚历山大大帝的一位官员尼阿库斯(Nearchus)
的话，在公元前 4 世纪的印度，大象"像骆驼一样被套上轭"[38]。
总之，我们有理由相信：土库曼斯坦和锡斯坦的考古发现所揭
示的骆驼使用模式，在印－伊语人群到来之后大体上没有改变。

　　现在有必要回到本章开篇提出的问题。使用被驯化的双峰
驼的实践从其诞生之地向四面八方传播。向东北方向，在位于
西西伯利亚的米努辛斯克盆地、兴盛于公元前九十世纪的卡拉
苏克文化遗址中发现了骆驼骨，至公元前 200 年传到了中国。
[39] 向西北方向，在俄罗斯西部的顿河附近、年代为公元前八九
世纪的斯卢布纳亚（Srubnaya）文化晚期的遗址中发现了单一

骆驼的骨骼。[40] 前已列举骆驼东传至印度西部的证据。此外，向西的传播也证据丰富，最早的便是第三章提到过的公元前 2 千纪美索不达米亚的圆柱形印章。阿卡德语词 *udru* 初次使用是在亚述国王亚述贝尔卡拉（Assurbelkala）统治时期（前 1074— 前 1057），他从从事东方贸易的商人那里买来一些双峰驼。[41] 不清楚这个词是从哪一印－伊语人群借入的。自此之后，*udru* 常见于王室记录中，随着人们逐渐了解单峰驼，有时还会特别标注动物有双峰。[42] 大多数情况下，双峰驼是来自亚述东部和东北部山区即伊朗高原的战利品或贡物的一部分。[43] 萨尔玛那萨尔三世（Shalmaneser III）统治时期（前 858—前 824）有两幅图像描绘了双峰驼。一幅是在纪念其胜利的黑色方尖碑上，展现了两个牵着双峰驼的进贡使团；另一幅是在巴拉瓦特(Balawat)的青铜门上，描绘的是另一个同类使团。[44] 所有这些动物都是用绳子套在脖子上而非用鼻钩牵着，非常古怪。最后，有记载称公元前 8 世纪一位名叫萨尔杜里（Sardur）的乌拉尔图国王，在今亚美尼亚境内虏获各类动物达 55959 之多，其中双峰驼 115 峰。[45]

有证据显示双峰驼在几乎整个伊朗高原都存在，颇不同于其周边地区。鲁里斯坦（Luristan）一些年代约为公元前 8 或前 7 世纪的的青铜器，证实亚述对扎格罗斯山骆驼的记载，扎格罗斯山构成了伊朗高原与底格里斯河－幼发拉底河河谷的边界。[46]

在哈马丹（Hamadan）发现的一件贴花金饰证实这种动物在阿尔塔薛西斯二世（Artaxerxes II）统治时期（前 404—前 359）仍为人所知，尽管艺术家应该对它不大熟悉，因为他刻上了一个马头和最不典型的抬起后腿的姿势。[47] 最后，斯特拉波提到在米底亚（Media）边境的法尔斯（Fars，或称波西斯 Persis）省最北端也有养驼人。[48]

公元前 6 或前 5 世纪波斯波利斯的阿契美尼德王朝的宫墙上所刻各国进贡使团，证实了骆驼在古伊朗其他地区的存在。只有来自阿拉伯半岛的使团用口套带牵单峰驼，有五个互不统属的人群用鼻钩牵双峰驼，分别是帕提亚人（Parthian）、阿拉霍西亚人（Arachosian）、阿利亚人（Arian）、巴克特里亚人（Bactrian）和德兰吉亚那人（Drangianan）。[49] 从地理上讲，骆驼分布的地域即阿富汗北部（巴克特里亚）、伊朗东北部（帕提亚）、兴都库什山以南的阿富汗东部（阿拉霍西亚）、赫拉特城周围的阿富汗西部（阿利亚）和伊朗东部的锡斯坦省（德兰吉亚那）。将这一证据与伊朗西部的证据一并来看，这个国家仅剩的适宜人居住而在公元前一千纪没有双峰驼的，便只有厄尔布尔士山北的里海亚热带海岸，以及印度洋沿岸炎热的南部诸省。

因此，事实上双峰驼牧养从其驯化的起源地传播了很远。传播所到之处，有些地方双峰驼至今方兴未艾，特别是中亚和蒙古；但在另一些地区，双峰驼早已彻底消失。到 19 世纪，在

图 10　波斯波利斯的朝贡使团行列中阿拉伯人牵着单峰驼
（注意口套带）

图 11　朝贡者在波斯波利斯牵着双峰驼（注意鼻钩的使用）

亚述人贡物的来源地安纳托利亚，只有一些为繁殖目的从黑海
北岸进口的雄性双峰驼。[50] 印度河谷在穆斯林时代还有双峰驼，
但现在已经没有了。双峰驼在伊朗或土库曼斯坦的任何地方都
很罕见。在阿富汗，除了东北边境的吉尔吉斯部落所养的双峰
驼，也少见双峰驼。[51] 这种消失模式最令人震惊的是，在所有
双峰驼消失的地区单峰驼都很普遍，在仍养双峰驼的地区单峰
驼绝少出现。

　　单峰驼为什么替代了双峰驼？有关这个主题的信息很难找
到，因而对这个问题的回答只是尝试性的，但答案的核心似乎
在于，牧养者对两种骆驼的使用模式存在着巨大区别。在叙利
亚－阿拉伯沙漠，单峰驼的牧养规模很大，构成纯游牧经济
的基础。对牧养者而言，骆驼的价值既在于它本身，也在于
它提供的产品。相反，驯化双峰驼的人群对牛、绵羊和山羊
已经很熟悉，对马的熟悉程度也在加深。骆驼对他们来说从来
就不是生活必需品，其产品与其劳作潜力相对也没那么值钱。
毕竟，已经有了充足可选的乳肉来源。这并不是说骆驼毫无价
值；恰恰相反，《阿维斯陀》最古老的部分提到一峰骆驼与一匹
公马、十匹母马价值相当，而在迟至公元 4 世纪成书的《阿维
斯陀》最晚近的部分《万迪达德》（*Vendīdād*）中，祭品按重要
性依次排序：公骆驼、公马，然后是公牛，最后是带牛犊的母
牛。[52] 然而，这意味着双峰驼总是以较小规模放牧，而且最初

164

是用于劳作。

当这两种牧养模式接触时，接触的环境使得阿拉伯模式占据了上风。那种环境的出现，似乎与从中亚到中国的远距离陆上商队贸易即著名的丝绸之路的发展有关。在此不可能详述这条贸易路线开通的原因，因为这不仅与中国和波斯的政治和经济史有关，也与中亚复杂的部落迁徙有关。[53] 但必须注意到，沿丝绸之路的交通是在公元 1 世纪时才重要起来，此时中国在东汉王朝的统治之下，波斯则是在帕提亚人的统治之下，帕提亚人最初是来自伊朗东北部的游牧人，他们逐渐侵入亚历山大的总督塞琉古（Seleucus）建立的希腊化国家，至公元前 2 世纪后半叶到达底格里斯河。[54] 读者可能还记得，帕提亚是波斯波利斯浮雕中进贡骆驼给阿契美尼德国王的几个地区之一。

毫无疑问，帕提亚人统治下发展的商队贸易最初使用的是双峰驼。在伊拉克的塞琉西亚（Seleucia）和乌鲁克的帕提亚遗址中出土的驮运骆驼小雕像，与后来中国的骆驼雕像极为相似，这绝非偶然，特别是这些雕像与现在的单峰驼形象毫无相似之处。[55] 最令人震惊的相似之处是驼背上负荷的形状：圆的，几乎是半球形的，就像皮质或毛织包裹里装满了某种液体或颗粒状物质。在许多中国小陶俑上，这圆形的负荷被装饰有想象中的狗的面部，但也有更朴素的陶俑显示了专门设计的包裹容器。[56] 我们不去猜贸易品可能是什么，但很显然，在帕提亚人统治之下，到达伊拉克的那种骆驼运输模式晚些时候也到达了中国，二者使用的骆驼种类也相同。

一幅描绘双峰驼商队的涂鸦进一步证实了这一观点，这幅涂鸦发现于杜拉－欧罗普斯（Dura-Europus），该城位于帕提亚与罗马之间的幼发拉底河边境线上。[57]西西里的狄奥多罗斯报告称，阿拉伯半岛上有一处大河流经、沼泽密布的海滨，不同种类的骆驼在那里繁衍生息，包括"无毛的和多毛的，还有双峰的，其中一峰在另一峰之后沿脊柱生长，因此被称为 *dituloi*（有两块疙瘩的）"[58]。有观点认为这一记录表明双峰驼一度使用于阿拉伯半岛南部[59]，但更合理的解读当然是将所描述的地区理解成阿拉伯半岛东北部连接伊拉克、濒临波斯湾的地方，那里底格里斯河和幼发拉底河下游冲积出广袤的沼泽。这里应当是服务于中亚商路西端终点的牧场，所提到的三种独特类型的骆驼表明，阿拉伯骆驼和波斯骆驼在这一区域杂交，繁殖出一种强大的杂交单峰驼专供商队贸易，这便是狄奥多罗斯所谓"多毛的"骆驼。值得注意的是，希腊语 *dituloi* 不过是对波斯语 *dokūhānī* 的翻译，后者在本章所附术语表中已经列出，是对双峰驼的通称。更进一步，一个发现于底格里斯河畔塞琉西亚、年代为帕提亚时代的小雕像，不同于前已提及的那些，它所展现的动物有一个驼峰，驼峰中央只有一个小凹陷。[60]这与本章前文所述第一代杂交骆驼的外形极为一致。

168   单峰驼与双峰驼相遇在逻辑上的第一阶段，发生在帕提亚时代的幼发拉底河－底格里斯河河谷。最可能的情况是，与阿拉伯养驼人有联系的商人想到让两个物种杂交，发现生出了一种理想的驮运动物。如果狄奥多罗斯没有夸大其词的话，其中一些甚至能驮 900 磅小麦。[61] 一种相对其父母双方都明显优越的动物很快便会受到所有贸易参与者的欢迎，这种动物沿着商路传播开来是不可避免的。公元前 128 年，有汉文史料报告称月氏有单峰驼，月氏是一个印－伊语人群，当时生活在阿姆河以北的粟特地区（Soghdia）；但同一史料只是简单地说"骆驼"放牧于粟特正南的喀布尔地区。[62] 尽管当时不大可能有纯种单峰驼生活在外阿姆河地区（译者注：指阿姆河以北），特别是因为这里冬季寒冷，如今也不是单峰驼的栖息地，但显然月氏有一些杂种骆驼，可能还储备了一批用来配种的单峰驼。中国的

169 观察者特别讨论单峰驼这一事实，证明这种动物的出现是反常的，表明在月氏及其以南不加区分地使用"骆驼"一词的其他地区，放牧的是双峰驼。

      稍晚的证据进一步说明了杂交骆驼进入商路。月氏本身南迁进入了巴克特里亚，融入了贵霜帝国，并重新放牧双峰驼。这要么是因为他们获得配种单峰驼的来源被切断了，要么是因为双峰驼更适合翻越兴都库什山前往印度的商路。于公元 1 世纪在位的贵霜国王丘就却(Kadphises I)的许多钱币上有双峰驼图

案。[63]至公元 4 世纪，双峰驼仍使用于兴都库什山以南地区，哈达（Hadda）和白沙瓦（Peshawar）的佛教雕塑上可见其形象。[64]这些雕塑描绘的骆驼主人都带着圣物，因而可以认为，艺术家的目标是呈现来自中亚的朝圣，朝圣者骑着典型的中亚动物。4 世纪初，双峰驼仍见于白沙瓦，它们出现在来自北方的商队中。[65]然而，一位约于公元 900 年写作的阿拉伯地理学家证实，印度实际上仍放牧双峰驼。他对生活在巴基斯坦木尔坦（Multan）以西山区的布达人的记录如下："他们是养驼人，他们的骆驼叫 *fālij*，被运到各个角落——呼罗珊、法尔斯和其他有 *bukhtī* 骆驼的国家。"[66]后来的一位阿拉伯地理学家进一步解释和扩展这一记录："（*fālij* 骆驼）有两个驼峰。公 *fālij* 骆驼与母阿拉伯骆驼交配生出 *bukhtī* 骆驼。（*fālij* 骆驼）只从他们的国家进口。"[67]

后一种说法可能不完全准确，因为一位 9 世纪的阿拉伯作家提到伊朗中南部省份克尔曼（Kirmān，旧译为起儿漫）的 *fālij* 骆驼被用来杂交。[68]但可以确定，在伊斯兰时代最初的几个世纪，双峰驼继续繁衍于伊朗北部到中亚的贸易主轴线以南土地上，主要用来配种以繁育杂交骆驼。根据前述和其他一些史料，*bukhtī* 杂交骆驼见于呼罗珊、法尔斯、克尔曼、撒马尔罕和喀布尔。[69]应当指出，今天居住在过去布达人的土地上的，是一个名为布格提（Bugti）的俾路支部落。

因此，随着丝绸之路沿线交通的增长，大概在公元前 2 世纪帕提亚人的统治之下开始的杂交，变得越来越重要，到伊斯兰时代早期，双峰驼在伊朗和阿富汗唯一的用处就是配种。然而，从理论上讲两种骆驼间的主导优势可能完全不同。例如在19世纪，一方面安纳托利亚引进了一些双峰驼以与叙利亚单峰驼杂交，另一方面中亚的吉尔吉斯人出于相反的目的养一些雄性土库曼单峰驼。[70]应当指出，没有人会长期一起放牧这两种骆驼，因为杂交种的持续杂交会产生退化的、无用的后代。那么，让我们回到前文的问题：为什么单峰驼在伊朗占据了上风？

171　似乎有两个独立的因素与此相关：不同的使用模式，阿拉伯人作为一种政治和经济力量的崛起。前已讨论过，伊朗双峰驼牧养人和阿拉伯单峰驼牧养人在使用骆驼的模式上存在区别。对前者而言，骆驼是一种辅助性的挽畜，维持在较小的规模；对后者而言，骆驼是维持生计的主要动物，是重要经济来源，要以尽可能大的规模来放牧。就商队贸易而言，这意味着可以引进几峰雄性双峰驼到阿拉伯人的驼群中以生育杂交骆驼。只要双峰驼维持较小的规模，相反的情形便不会出现。在伊朗，人们没有动机来大规模放牧杂交骆驼，因为专门从事骆驼放牧的游牧社会已经存在于底格里斯河－幼发拉底河河谷，那里更容易生出杂交骆驼。只有在中亚腹地，如吉尔吉斯人，才真正发展出了大规模的双峰驼放牧，以服务于部分气候过于严苛的商路，在那里即使最强大的杂交骆驼也难以存活。在那些发展出一个基于骆驼放牧的社会的人群中，骆驼产品特别是驼乳成为维持生计的重要物资，这与阿拉伯人的情况相似；但在伊朗，双峰驼除了用作挽畜没有被大规模使用，而当这个用途也被杂交骆驼取代时，放牧双峰驼的合理性就从根本上骤减了。

　　另一个因素是阿拉伯人的崛起，我们已或多或少分析过这个问题，尽管前文把重点放在叙利亚沙漠以西。沙漠以东伊朗这边史料缺乏，但完全可以相信，大约同时此地经历了相同阶段的发展。狄奥多罗斯称这一地区放牧杂交骆驼，可以证明定居社会和阿拉伯游牧人之间的合作。阿拉伯语中有一些关于骆驼的专名借自波斯语，从中可以窥见这种合作。其中一个是 *duhānij* 一词，该词与 *fālij* 同义，指双峰驼。[71] 这个词似乎来自中古波斯语的 *dohānak*，大概意思是"拥有两个"（例如希腊语 *dituloi* ="有两块疙瘩的"；现代波斯语 *dokūhānī* ="有两座山丘的"；梵语 *dvikakud* ="有双峰的"）。更有启发性的词是 *dahdaha*，意为"数量超过一百的一大群骆驼"，它是一个早期借词，借自波斯语 *dah dah* 意为"十个十"；这清晰地表明了波斯人对阿拉伯人的大规模骆驼群展现出的兴趣。[72]

　　在此要重复一下前文提出的关于骆驼替代轮子的观点。如果阿拉伯人在波斯人眼里不享有某种程度的地位和尊重，阿拉伯人的骆驼就不可能融入波斯帝国的商业模式之中；而这种地

172

位和尊重，是阿拉伯和叙利亚沙漠商路沿线的力量平衡改变的
产物。波斯人接受且尊重阿拉伯人这一事实为史料所证实。据
我们所知，安息王朝和它西部边境上的部落没有很紧密的关
系，但在公元 3 世纪早期击败并取代安息王朝的萨珊王朝则一
定存在这种关系。一个位于幼发拉底河以西、以赫拉（Hīra）
城为中心的阿拉伯王国在萨珊波斯的政治史上扮演了重要的角
色，这个王国的统治家族有时与萨珊家族联系紧密。[73] 而且，萨
珊王朝统治时期对来自伊拉克和伊朗西部的双峰驼的描述几乎
消失了。相反，有图像描绘萨珊皇帝骑在一峰配有北阿拉伯驼
鞍的单峰驼上，也有描绘相似装备的骆驼载着猎物从皇家狩猎
回来。[74] 但最重要的是，萨珊时代有许多印章展现了单峰驼[75]，
但没有相似的双峰驼印章。如果这些印章可以与贸易联系起来
（这是很可能的），那么可以进一步证明杂交单峰驼在商队中占
据主导地位。

　　也许这两个因素并不必然导致双峰驼在伊朗高原的消失。
即使作为一种驮运动物已被淘汰，双峰驼仍可用作配种动物。
即使在伊斯兰征服以后，阿拉伯养驼人实际上也没有在多大程
度上占领伊朗养骆驼的土地。决定双峰驼命运的，其实是杂交
试验的副产品。历史上的某个时刻（显然是在伊斯兰时期），
一种单峰驼发展起来，它完美地适应了伊朗高原。这种毛发长
且抗寒的品种目前仍可见于伊朗北部、土库曼斯坦和阿富汗

174

北部，肯定不是杂交骆驼。在较早的、双峰驼仍可用于繁殖的时期，一种新骆驼可能不会非常成功，因为它提供不了杂交骆驼的巨大力量。但一旦雄性双峰驼不得不远从阿富汗东部引进时，拥有一种纯种、抗寒的单峰驼的价值增加了；而一旦这种新骆驼站住脚跟而中亚商队贸易衰落（发生于公元 15 世纪之后），就无论如何都不再需要双峰驼了。

至于轮子，在底格里斯河－幼发拉底河河谷，单峰驼一定 175 把它淘汰了。这个过程与叙利亚沙漠罗马一边所发生的完全一样，但在伊朗高原，我们能讨论的不多。双峰驼最初被用于拉四轮车，但没有证据显示这种实践仍存在于帕提亚时代的伊朗。无论如何，下一章将讨论作为挽畜的骆驼。值得注意的是，伊朗仅有的从古至今持续使用轮子的地区是里海沿岸和西北边境的阿塞拜疆西部，里海沿岸的气候使骆驼无法存活，而阿塞拜疆西部直到穆斯林征服前一直受亚美尼亚和拜占庭支配。由此可以得到诱人的结论：单峰驼在伊朗高原代替轮子的过程与在西方相似，当然这一结论仍有待进一步探讨。

注释

1. 关于东方骆驼最好的、内容丰富的讨论是Jean-Paul Roux,"Le Chameau en Asie Centrale,"*Central Asiatic Journal*, 5 (1959-1960), pp. 35-76，但他主要关

注的是突厥和蒙古文化中的骆驼，因而没有讨论早期伊朗。

2. 科尔帕科夫是伏尔加河畔萨拉托夫（Saratov）兽医药机构的骆驼专家，他关于这个问题的一篇重要文章已被翻译成了德文："Ueber Kamelkeuzungen," *Berliner tieraerztliche Wochenschrift*, 51 (1935), pp. 617-622。别的参考文献可参见Annie P. Gray, *Mammalian Hybrids: A Check-List with Bibliography* (Slough, Eng.: Commonwealth Agricultural Bureaux, 1971), pp. 161-162。

3. 对安纳托利亚骆驼的讨论，参见第八章。

4. 在伊朗名下列举的信息其实大多来自1590年前后莫卧儿帝国时代的印度。史料来源是Abū al-Faḍl ʿAllāmī, *Āʾīn-i Akbarī*, ed. H. Blochmann (Calcutta: Asiatic Society of Bengal in the Bibliotheca Indica, 1872), I, pp. 146-147。Blochmann的译本（2d ed., Calcutta: Asiatic Socirty of Bengal, 1939, pp. 151-152）不完全准确。

5. Kolpakov, "Ueber Kamelkreuzungen," p. 620, figs. 6-10.

6. 指杂交骆驼的*bukhtī*一词常常被认为来自巴克特里亚（Bactria）一词（阿拉伯语和波斯语：Balkh），但不能确定。它也可能来自印欧语词根 *bheug*，意为"膨胀或弯曲"。*bukhtī* 常被错用来指双峰驼。

7. 有关这一问题的更多文献，见参考文献。

8. A. G. Bannikov, "Distribution géographique et biologie du cheval sauvage et du chameau de mongolie (*Equus Przewalski et Camelus Bactrianu*s)," *Mammalia*, 22 (1958), pp. 152-160.

9. 研究者曾认为骆驼的角质硬垫是驯化中获得的特性，起因是搬运重物。不过，Ernst Mayr, *Populations, Species and Evolution* (Cambridge, Mass.: Harvard University Press, 1970), pp. 109-110将其与鸵鸟和疣猪的硬垫比较，指

出骆驼的硬垫是一种基因特性。

10. 苏联考古学家V. I. Sarianidi写信告诉我，他打算发表一篇有关骆驼驯化的文章，主要基于这一地区的考古工作，他在信中概述了将会使用的证据。

11. R. Ghirshman, *Fouilles de Sialk* (Paris: Paul Geuthner, 1938-39), I, pl. LXXIX, A2, 也可能是pl. LXXVI, A12. Zeuner, *Domesticated Animals*, p. 359认为这里展现的动物是骆驼，但从俾路支北部一件极为相似的陶器图案来判断，这里的动物也完全可能是牛。参见Walter A. Fairservis, Jr., *The Roots of Ancient India* (New York: Macmillan, 1971), p. 153, fig. 38 (A-4)。Brentjes书（ "Das Kamel," p. 46, #1; Ghirshman, *Fouilles*, II, pl. XXX, 6）插图显示的希亚尔克的一枚圆柱形印章，看起来更像一只鸟或有翼野兽而非骆驼（参见Ghirshman, *Fouilles*, I, pls. XIII, 3; XVII, 5）。

12. 这里讨论的遗址包括Altyn-tepe、Ulug-tepe、Namazga，皆位于Kopet Dagh山北平原上，该山是伊朗与土库曼斯坦的边界。关于四轮车，参见V. M. Masson and V. I. Sarianidi, *Central Asia: Turkmenia before the Achaemenids* (London: Thames and Hudson, 1972), pp. 109, 120, pl. 36。

13. 我要感谢伊朗Zabul的意大利考古队（Missione Archaeologica Italiana）的Maurizio Tosi 博士为我提供沙赫里苏克塔遗址发掘的信息和照片。

14. Masson and Sarianidi, *Central Asia*, pp. 94-96.

15. Bibby, *Looking for Dilmun*, pp. 303-304; P. V. Glob, *al-Bahrain* (Copenhagen: Gyldendal, 1968), p. 167.

16. 鼻钩是现代印度、阿富汗和俾路支的单峰驼的标配（Leese, *The One-Humped Camel*, pp. 104-105），但这些地区最初是双峰驼的分布区。在其他单峰驼地区某些情况下也使用鼻钩或鼻环，但口套带占主导地位。Cauvet, *Le Chameau*, I. 369-371; Nicolaisen, *Ecology and Culture*, p. 73.

17. 这个修正后的年代由C. C. Lamberg-Karlovsky提出，见"Further Notes on the Shaft-hole Pick-axe from Khurāb, Makrān，"*Iran: Journal of the British Institute of Persian Studies*, 7 (1969), pp. 163-168。K. R. Maxwell-Hyslop提出年代为公元前2000—前1800年，"Note on a Shaf t-hole Axe-pick from Khurab, Makran," *Iraq*, 17 (1955), p. 161。

18. Zeuner, *Domesticated Animals*, p. 360, and "The identity of the Camel on the Khurab Pick," *Iraq*, 17 (1955), pp. 162-163.

19. Lamberg-Karlovsky, "Further Notes," p. 168.

20. Tosi博士告诉过我锡斯坦的沙赫里苏克塔发现了一座泥塑的单峰驼小雕像，但我没有见到过它的断代资料或照片。

21. Masson and Sarianidi, *Central Asia*, pl. 36.

22. Tosi来信。

23. J. Ulrich Duerst, "Animal Remains from the Excavations in Anau," in Raphael Pumpelly, ed., *Explorations in Turkestan, Expedition of 1904: Prehistoric Civilizations of Anau* (Washington: Carnegie Institution, 1908), II, 342.完整的骨骼编号为1,300。

24. B. Prashad, *Animal Remains from Harappa*, Memoirs of the Archaeological Survey of India #51 (Delhi: Manager of Publications, 1936), pp. 58-59. Prashad 相信这些骨骼属于单峰驼，是印度西瓦利克（Siwalik）山脉史前物种的后代，但并无证据表明那个史前物种是单峰的，这些骨骼与那个史前物种有关的证据也很少。亦参见F. R. Allchin, "Early Domestic Animals in India and Pakistan," *The Domestication and Exploitation of Plants and Animals*, eds. P. J.

Ucko and G. W. Dimbleby (London: Gerald Duckworth, 1969), p. 320。

25. 野生动物骨骼群中没有骆驼骨，陶器上描绘的野生动物中也没有骆驼，这表明骆驼在狩猎经济中不处于重要的位置。

26. 我要感谢Prem Singh博士，他分析了*ushtra*一词的意思，这一帮助不可或缺。

27. Otto Schrader, *Reallexkon der indogermanischen Altertumskunde* (Strassburg: K. J. Trübner, 1901), p. 405; G. Redard, "Notes de dialectologie iranienne, ii: Camelina," *Indo-Iranica* (Wiesbaden: Harrassowitz, 1964), pp. 155-162.

28. Tadeusz Sulimirski, *Prehistoric Russia* (New York: Humanities press, 1970), pp. 261-266.

29. Friedrich von Spiegel, *Die arische Periode und ihre Zustände* (Leipzig: Wilhelm Friedrich, 1887), p. 49认为它是借词。

30. 这一观点最权威的表述是Hermann Grassmann, *Wörterbuch zum Rig-Veda* (Wiesbaden: Harrassowitz, 1964), p. 269以及Manfred Mayrhofer, *Kurzgefasstes etymologisches Wörterbuch des Altindischen* (Heidelberg: Winter 1956), I, pp. 113-114。Reinhard Walz, "Neue Untersuchungen zum Domestikationsproblem der altweltlichen Cameliden: Beiträge zur ältesten Geschichte des zweihöckrigen Kamels," *Zeitschrift der Deutschen Morgenländischen Gesellschaft*, 104 (1954), n.s. 29, 45-87就是被前述著作误导的著作之一。

31. 只有Spiegel (*Die arische Periode*, pp. 49, 51)举出文本论证*ushtra*指水牛，但其举例令人难以信服且基于错误的解读。

32. Roland G. Kent, *Old Persian* (New Haven: American Oriental Society, 1953), pp. 118 (DB 86-87), 178. Salonen, *Hippologica*, pp. 85-86. 从语音学角度

说，*uduru*借自*ushtra*比较困难，但可用的语言学证据太少，也很难排除这
种可能。

33. T. Burrow, *The Sanskrit Language* (London: Faber and Faber, 1955),
p. 150.

34. Xavier Raymond指出azhrī一词的使用，"Afghanistan," p. 9。科尔帕
科夫没有提及，"Das turkmenishche Kamel (Arwana)," *Berliner tieraertzliche
Wochenschrift*, 51 (1935), pp. 570-573。

35. Kent, *Old Persian*, p. 118.

36. Herodotus, 1.80.

37. V. S. Agrawala, *India as Known to Pānini* (Lucknow: Unicersity of Lucknow,
1953), pp. 148-149; *The Laws of manu*, tr. G. Bühler, *Sacred Books of the East*, ed.
Max Müller, vol. XXV (Oxford: Oxford University Press, 1886), pp. 67, 472.

38. Strabo, 15.1.43. 希腊文的正确解读不好确定，但这是最可能的翻译。

39. Walz, "Neue Untersuchungen," pp. 61-62.在Aleksandr Belenitsky, *The
Ancient Civilization of Central Asia* (London: Barrie & Rockliff, 1969), pl. 27中，
这是一只火盆的图片，两峰双峰驼在中间，一列狮子环绕在边缘。注中
说这个火盆来自哈萨克斯坦，年代为公元前一千纪，但没有提供细节信
息。关于古代中国骆驼的很大程度上是语文学的记录，参见Edward H.
Schafer, "The camel in China down to the Mongol Dynasty," *Sinologica*, 2 (1950),
pp. 165-194, 263-290。

40. Sulimirski, *Prehistoric Russia*, p. 337.

41. Salonen, *Hippologica*, p. 86, 以及与A. Leo Oppenheim教授的私人通信。

42. Salonen, *Hippologica*, p. 85.

43. Salonen, *Hippologica*, p. 86; Luckenbill, *Ancient Records*, I, 122 (Adad-

Nirāri II, 911-891 B.C.), 130 (Tukulti-Ninurta II, 890-884 B.C.), 145 (Assur-N āsir-Pal II, 883-859 B.C.), 211, 214 (Shalmaneser III, 858-824 B.C.), 256 (Shamsi-Adad V, 823-811 B.C.), 271, 286 (Tiglath-Pileser III, 745-727 B.C.); II, 76 (Sargon II, 721-702 B.C.), 130, 133 (Sennacherib, 704-681 B.C.), 209, 215 (Esarhaddon, 680-669 B.C.).

44. Brentjes, "Das Kamel," pp. 29, #2; 30, #1.

45. Franz Hancar, "Aus der Problematik Urartus," *Archive Orientální*, 17 (1949), p. 302. 瓦尔茨（"Neue Untersuchungen," p. 73)将Hancar提供的150峰骆驼这一数据更正为115峰，但对我们的论证也没太大影响。

46. Jean Deshayes, *Les Civilisations de l'Orient Ancien* (Paris: Arthaud, 1969), fig. 208; Roman Ghirshman, *Perse* ([Paris]: Gallimard, 1963), fig. 99.

47. L. Vanden Berghe, *Archéologie de l'Iran ancien* (Leiden: E. J. Brill, 1959), p. 109, pl. 135e.

48. Strabo, 15.3.1.

49. 这些朝贡使团与地区的对应，最可靠的当属Erich F. Schmidt, *Persepolis*, vol. III, *The Royal Tombs and Other Monuments* (Chicago: University of Chicago Press, 1970), pp. 148-149。

50. Burckhardt, *Bedouins and Wahābys*, p. 110; Henry J. Van Lennep, *Travels in Little-Known Parts of Asia Minor* (London: John Murray, 1870), II, pp. 162-164. 布克哈特将双峰驼误认作单峰驼。Van Lennep没有提到克里米亚是双峰驼的产地。

51. 我在出版物上找到的近年来唯一关于伊朗双峰驼的证据是伊朗东部Birjand的几头双峰驼的照片。Lotte and Gustav Stratil-Sauer, *Kampf um die Wüste:Ein Bericht* über unsere Fahrten in die ostpersische Lut (Berlin: Reimar Hobbing, 1934), p. 43. 加州大学戴维斯分校的Michael Bonine博士在伊朗西北

部的阿塞拜疆省看到并拍下了混合牧群中的几峰雄性双峰驼。

52.《耶斯纳》（*Yasna*）44译文见Jacques Duchesne-Guillemin, *The Hymns of Zarathustra* (Boston: Beacon Press, 1963), p. 73。《万迪达德》9.37译文见 Louis H. Gray, "Camel," *Encyclopaedia of Religion and Ethics*, ed. James Hastings (New York: Charles Scribner's Sons, 1955), III, p. 175。

53. 这一时期中亚历史的标准叙述，参见William M. McGovern, *The Early Empires of Central Asia* (Chapel Hill: University of North Carolina Press, 1939)。

54. N. Pigulevskaja, *Les Villes de l'état iranien aux époques Parthe et Sassanide* (Paris: Mouton, 1963), pp. 82, 161.

55. Ziegler, *Die Terrakotten*, pp. 137-138, 187, pl. 43, #545; Wilhelmina Van Ingen, *Figurines frome Seleucia on the Tigris* (Ann Arbor: Univerisity of Michigan Press, 1939), pp. 6, 320, pl. 76, #556-557.

56. 许多中国小陶俑存在于自北魏（386—534）至唐朝（618—907）；有代表性的论述参见Brenthes, "Das Kamel," pp. 26, #5; 46, #2; Rostovtseff, *Caravan Cities*, pl. IV, #1; Osvald Sirén, *Histoire des arts anciens de la Chine* (Paris : G. van Oest, 1930), III, pls. 32-33, 100。北魏的小陶俑远不及唐代的程式化，一个北魏小陶俑（Sirén, pl. 32）表明圆形负荷本来可能是篮子。

57. P. V. L. Baur, M. I. Rostovtzeff, and A. R. Bellinger, eds., *The Excavations at Dura-Europus; Preliminary Report of the Fourth Season of Work, October 1930-March 1931* (New Haven: Yale University Press, 1933), pl. XXIII, 2. 双峰驼在18世纪通过来自巴格达的商队偶然来到了叙利亚北部。Russell, *Natural History of Aleppo*, p. 170. 单峰驼在杜拉-欧罗普斯自然也被使用；参见 *Excavations... October 1931-March 1932*, 一书中的灯，pl. XXI, 1。

58. Diodorus, 2.54.6. 既然狄奥多罗斯不得不解释双峰在骆驼上如何分布，那么他的读者一定对此不熟悉。

59. Rathjens（"Sabaeica,"part I, fig. 121, photo 62)展现了一头也门的水牛，很像双峰驼，但他正确指出这其实是一峰单峰驼，配有南阿拉伯驼鞍。

60. Van Ingen, *Figurines from Seleucia*, p. 320, pl. 76, #556.

61. Diodorus, 2.54.6. 谷物似乎不大可能是商队贸易的主要商品，因为其价值相较运输费用实在太低了。

62. A. Wylie, tr., "Notes on the Western Regions; Translated from the 'Tsëën Han Shoo,' [Annals of the Former Han Dynasty], Book 96, Part 1," *Journal of the Anthropological Institute*, 10 (1881), pp. 33, 40.

63. 这个案例见于Zeuner, *Domesticated Animals*, fig. 13:36。

64. Islay Lyons and Harald Ingholt, *Gandhāran Art in Pakistan* (New York: Pantheon, 1957), p. 30, figs. 145,150; Bruno Dagens and others, *Monuments Préislamiques d'Afghanistan* (Paris: G. Klincksieck, 1964), pl. VI, #21-22.

65. H. E. Cross, *The Camel And its Diseases*, p. 1.

66. Al-Istakhrī, *Kitāb Masālik al-Mamālik*, ed. M. J. de Goeje (Leiden: E. J. Brill, 1927), p. 176.

67. Yāqūt, *Muʿjam al-Buldān* (Beirut: Dar Sader and Dar Beirut, 1957), V, 279. 他将布达人称为Nudha人。地理学家al-Idrīsī的同一份报告另一个版本的英译本参见S. Maqbūl Ahmad, *India and the Neighboring Territories in the"Kitāb Nuzhat al-Mushtāq fiʾKhtirāq al-ʾAfāq"of al-Sharīf al-Idrīsī* (Leiden: E. J. Brill, 1960), p. 52。

68. Al-Jāhiz, *Hayawān*, VII, 242.

69. 除前注已列出的史料外，亦参见Guy Le Strange, *The Lands of the*

Eastern Caliphate (London: Frank Cass, 1966), pp. 349-350; Ṭabarī, *Ta'rīkh*, ed. Muḥammad Abū al-Faḍl Ibrāhīm (Cairo: Dār al-Maʿārif, 1960-1969), IV, 180。

70. Burckhardt, *Bedouins and Wahābys*, p. 110; Van Lennep, *Travels*, II, pp. 162-164; Kolpakov, "Ueber Kamelkreuzungen."

71. Al-Jawālīqī, *al-Muʿarrab min al-kalām al-Aʿjamī*, ed. A. M. Shākir (Tehran, 1966), pp. 154-155.

72. Rafāʾīl Nakhla al-Yasūʿī, *Gharā'ib al-Lugha al-ʿArabiya* (Beirut: Imprimerie Catholique, [1960]), p. 229.

73. 阿拉伯编年史家塔巴里（Ṭabarī）对这一关系有详细的记载，参见Theodor Nöldeke, tr., *Geschichte der Perser und Arber zur Zeit der Sāssāniden* (Leiden, 1879)。

74. Brentjes, "Das Kamel," p. 47, #1; *Tāq-i Bustān* (Tokyo, 1969), I, pls. 81, 102.

75. Richard N. Frye, *Sasanian Remains from Qas-i Abu Nasr* (Cambridge, Mass.: Harvard University Press, 1973), I.221, I.286, D.118, D155, D.306, D.354. 费耐生教授也让我得以看到若干未公布的这类印章的照片。两枚印章可追溯至帕提亚时代；显然这一母题是随着商队贸易流行开来的。Robert H. McDowell, *Stamped and Inscribed Objects from Seleucia on the Tigris* (Ann Arbor: University of Michigan Press, 1935), p. 124, pl. V, #89.

第七章

作为挽畜的骆驼

　　前面一直没有讨论作为挽畜的骆驼，因为涉及的问题太复杂，需要专门处理。不过，这个主题与前面各章所论又是分不开的，因为如果骆驼在古代中东已经被用于牵引四轮车，而不仅仅是用作驮畜的话，前面各章所述可能就会完全不同。当然，如果骆驼根本不能用作挽畜，这里也就没有必要讨论为什么骆驼没有被用作挽畜了；但是，大量证据表明，只要利用适当，骆驼和它的主要竞争对手牛一样是适合拉车的。因此，古代中东的轮式经济未能把骆驼用于牵引，这个事实既重要又值得解释。

　　如今用单峰驼牵引二轮和四轮车的地方并不多，仅见于 印度河谷地和印度北部，以及突尼斯东北部卡本半岛（the Cap Bon peninsula）的农业区、摩洛哥大西洋沿岸的马扎甘（Mazagan）、阿拉伯半岛西南端的亚丁，其他地方则是偶见的，而且明显较为晚近才开始。20世纪早期，澳大利亚沙漠里人们用驼队拉重型四轮货车，这算是一个特例。[1] 那里的欧洲人对这种动物本不了解，只是引入用作运输工具。与骆驼一起引入澳大利亚的驼夫是所谓"阿富汗人"（其实大部分是俾路支人），他们坚持驮运，欧洲人却成功地让骆驼挽车，把骆驼车变成马车和牛车的替代品，当然很快又被汽车所取代。

至于双峰驼，尽管苏联和中国主要的内陆交通无疑已改由机动车承担，但传统上，在从克里米亚到北京的整个地理范围内，双峰驼还至少小规模地用来牵引二轮或四轮车。如前所述，骆驼的这种使用方式可以追溯到公元前3000年——已知最早的双峰驼被驯化时期。然而，这就引出一个主要问题：公元前3000年的骆驼挽具与今天是一样的吗？或者说，挽具技术是否发生过变化？这个问题的重要性在于，也许正是挽具技术的形态，使得单峰驼未能作为一种挽畜进入古代世界的运输经济。因此，重要的是要知道古代双峰驼的挽具是什么样的，其效率如何，以及是否曾应用于单峰驼。

宽泛地讲，挽具的技术发展有两条主线。[2] 其中轭挽最早。轭挽的牵引点设计在动物的上方，这对牛科动物来说非常有效，因为轭可以置于椎骨上（第七颈椎，第一至第五胸椎），将颈部连接到身体，也偶见系在角上的。对马科动物而言，轭挽效果较差，因为动物的颈部或背部没有合适的位置用于拉动。[3] 骆驼跟牛一样在长颈椎中有一个可用的骨骼段，可以将颈部连接到身体（当然，驼峰是没有骨骼支撑的）。

为使轭挽适应马科动物，项前肚带挽具（the throat-and-girth harness）被发明了。尽管项前肚带挽具非常古老，在中国被广泛用到公元前3世纪左右[4]，在西方被广泛用到中世纪早期——事实上，在今天中东的偏僻地区依然可以看到[5]——但这是一个糟糕的技术调整。为了弥补在马的身体顶部没有合适的位置放置轭具，一条带子置于动物颈项周围，并连接到轭具末端。第二条带子从轭具末端连到马的胸部下方，不过似乎没有什么牵引功能。因此，牵引力的主要部分变成了马的胸部或颈项，但拉力仍然通过马背部的轭传递到车辆（耕作时马不带这种轭）。结果，轭在马的颈项带上施加持续向上的压力，压迫气管，并在施加全力时勒死它。因此，尽管项前肚带挽具对于轻载车辆如战车非常有效，但并不能充分发挥马的重载或耕作潜力。

把轭挽应用于骆驼时出现了不同的问题。很容易看到轭挽要放置在颈部以下的细长椎肩上，但如何固定它呢？牛科动物的颈背相当平坦（除了前面所说突出的椎骨），仅凭轭具自身的重量就足以固定，使用环绕颈部的系带也可以使轭具保持稳定。用到骆驼身上，没有任何东西可以阻止轭具从陡立的颈部滑下并最终掉落。当然，这个问题不是无法克服的。从单峰驼驼峰后面或双峰驼第一个驼峰后面绑一根带子，可以固定轭

179

180

具。稍后要简要描述的肩隆带挽具（withers-strap harness）也用了这种带子。不幸的是，我无法找到轭挽用于双峰驼的令人满意的图片或描述，不能确认轭具的这种使用。无论如何，单峰驼显然比双峰驼面临更大的问题。[6]

挽具发展的第二条主线，包括所有现代非牛科动物挽具，是将牵引点放在动物身体的两侧。要做到这一点，必须在两侧施加相同的拉力，这反过来又要求不同的车辆设计。必须有两根顺着动物两侧的车辕，而不是以车辆前部中间向前突出的木杆与轭相连。复杂的挽具使动物并排套在它们之间的车舌上，动物后面与车舌垂直的横杆上的牵引链绳将负载均匀地分布在动物两侧。这个横杆称为横木（whippletree）。然而，适用于非牛科动物的有效挽具的发展，必须等到有双车辕技术的出现。

应该注意的是，轭挽在双辕车与在中心杆车上同样有效[7]，因为轭具上只有一个牵引点，无论连接在两侧还是一侧，都没有区别。当然，单杆车需要在杆的两侧各有一个动物，而双辕车只需一个动物牵引，不过对牛科动物来说，双辕系统并不比中心杆系统更有效。双辕车只是在对非牛科动物的利用上迈出了重要一步。

在轮式车辆的历史上，单杆车和双辕车都是早期发明。[8]在中国，动物两侧都有牵引点的挽具显然是从利用单个动物的轭挽单辕车演化而来的。[9]然而，直到罗马帝国时代，西方似乎只有单杆车。因此，尽管双辕车的存在本身并不意味着现代化挽具的出现，但这种车辆在西方的缺乏却可能大大推迟了这种挽具的发明。

基于双辕车而发展起来的、为非牛科动物所用的现代挽具，有两种形式。中国和西方都有的早期形式是胸带挽具。[10] 实质上，这只是项前肚带挽具的项带部分，但与辕（或曳绳）的连接是顺着动物的两侧，而非连到背部的轭上。在动物背部还有一根带子，如果作用在两个车轮上的载重不够平衡的话，既可以将车辕向上提拉以求稳定，又可以承受很大的负载。这种挽具的效果是让马用胸部水平牵引，背部的轭连接没有产生拉力，胸带就不会向上压迫喉咙，也就不会干扰马的呼吸。

现代挽具的第二种形式是马项圈。马项圈由一个带衬垫的刚性框架（垫子和框架可以是分离的，也可以是组合一体的），环绕于马的颈部。辕（或曳绳）附着在肩面的框架上，动物用肩膀牵引。若负载很重的话，马项圈稍微优于胸带挽具，但它更复杂，显然是更晚的发明。

和轭挽一样，胸带挽具和马项圈都需要特别调整才能应用在骆驼身上。颈部较低的弯曲，使骆驼胸部没有地方安置带子，胸带必须放在前已提及的肩部扁平的椎骨上。更合适的称呼是肩隆带（withers-strap）。在双峰之间或周围穿过的，或是由鞍座支撑穿过单峰的带子，对固定辕和保持肩隆带的位置

182

都很重要，但因为是连接曳绳而不是刚性辕，较小的重量就可以将肩隆带拉到骆驼的颈部，相比于用作车挽具，这个额外的带子就不太适合用作耕挽具了。在骆驼身上用轭挽很尴尬，同样地，使用马项圈也很尴尬：它会从肩部滑落到颈部。在澳大利亚，通过使用另一些被称为"蜘蛛"（spider）的带子，这个问题得到了解决。这些带子锚定在驼峰周围，把曳链保持在背上，项圈固定在前面的合适位置。[11] 现在最常见的骆驼挽具是肩隆带挽具，在澳大利亚以外的地方，马项圈很少用于骆驼。

为使这种挽具史概述对骆驼利用史来说真有意义，我们必须回到已知最早的、公元 3000 年前存在于土库曼斯坦和伊朗东部地区的双峰驼文化。苏联考古学家在这种文化遗址上发现的模型车只有一具骆驼头骨，可见当时应用的是一种单畜挽具。[12] 然而，已经有人指出，鉴于《梨俱吠陀》中以成对或轭来统计骆驼的数量，斯特拉波也含混地提到在轭下的印度骆驼，那时使用单轭的双畜挽具更可能已经得到应用了。19 世纪的克里米亚还在使用带轭骆驼，可能是这种古老实践的最后遗存。克里米亚骆驼所拉的是一种名为 *madgiar* 的四轮车，这个名字暗示了与匈牙利马扎尔人的某种联系，他们在公元 9 世纪告别克里米亚向西迁徙。[13] 一幅用来图解 13 世纪鲁布鲁克修士中亚旅行的版画也展示了成对拉车的骆驼（单峰），但这个版画的细节并没有激起人们对其准确性的信心。[14]

　　然而，无论轭挽在某些特定的地区能存活多久，它最终还是消失了。在今天的中亚，单个的双峰驼被一个用于牵引的肩隆带和另一个穿过双峰之间支撑车辕的带子套起来。在巴基斯坦和印度北部，单峰驼要么是用同样的方式，只是加上一条越过覆盖驼峰的北阿拉伯驮鞍的支撑带，要么简单地使用捆绑在北阿拉伯驮鞍上的带子。很明显，在这些本来主要使用双峰驼的地区，挽具技术发生了重要的变化。尽可能确定这种变化何时以及如何发生是很重要的，因为涉及对骆驼和车轮之间关系演变的理解。

　　如果高效的肩隆带挽具出现在伊朗的车轮和双峰驼消失之前，为什么新的挽用概念没能使马挽具发生革命，从而防止车轮的消失呢？另一方面，如果这一发展发生在单峰驼进入之后，为什么挽用单峰驼拉车只流行在印度河谷地和印度北部，而没有传播到有单峰驼的其他地区呢？[15] 这一发展的时间点显然是至关重要的，但无论发生在何时，都会引发问题。在辕间拉车的单个双峰驼首次出现在一幅岩画上，这幅岩画被发现于距蒙古和苏联边界以北不远处、贝加尔湖以西的西伯利亚小镇米努辛斯克附近。[16] 车子是封闭的，侧面有一扇窗户，车子骑跨在有辐条的轮子上，挽具本身则没有被描绘。这幅画据称为明显与卡拉苏克文化同时，而卡拉苏克文化繁盛于公元前 10—前 9 世纪的米努辛斯克盆地。[17] 与大多数岩画一样，年代可能

185

不容易确认，但如果断代没有问题，这将是一个非常早期的束挽辕（shaft harnessing）的例子。直到公元前 4—前 2 世纪，胸带和束挽辕在中国才变得常见。[18] 但即使断代在一个较晚的时期，这仍然表明骆驼在很早的时候就用上了单畜挽具。

在最早的图像和我能找到的下一个证据之间，存在着一个巨大的时间间隙。下一个证据是一幅公元 600 年左右的中国洞穴壁画，展示了一峰套在有盖车上的骆驼，车盖看起来就像搭在骆驼颈项上的一个拱。[19] 目前广泛接受的理论有三：根据图像证据，胸带挽具在公元 8 世纪引入欧洲；根据语文学证据，发生在 5 或 6 世纪；以及公元 9、10 世纪，马项圈的引入欧洲。[20] 鉴于使用骆驼拉车的早期证据，将现代挽具技术引入欧洲的理论与挽具技术穿过中亚向西迁移的理论相联系，印度单峰驼挽车的关键问题可以放在这一框架下认识：无论是胸带还是马项圈类的现代挽具技术，是不是以和它们后来传播到欧洲的过程相类似的某种传播方式，在公元 5—8 世纪传播到印度西北部呢？如果是这样，那么，当时双峰驼可能仍是常用的物种。或者，现代挽具技术到达印度河流域更晚一些，是在单峰驼取代双峰驼之后的某个时间？

令人吃惊的是，在印度，任何类型的现代挽具技术传播的图像证据都难以找到。轮式车辆的常见图像是牛车，除了某些母题非常程式化和守旧的宗教图案，这样的图案不可以用来证明当时的情况。尽管如此，15 世纪的一幅逼真的细密画展示了一辆两匹马所拉的马车，画中马使用着效率低下的胸前肚带挽具。[21] 可知到 1400 年，现代挽具技术还没有出现。可是，那个时候单峰驼已经取代双峰驼了吗？前一章已得出结论，在伊斯兰兴起之前，中亚贸易中混用两种骆驼是普遍情况，而且从那时起，单峰驼逐渐取代了越来越过时的双峰驼。但对那些不在丝绸之路上的特定地区而言，双峰驼是否就此消失，尚难给出结论。很多地方由于史料缺乏而难有定论，不过在印度还是可以找到一些资料的。

188

印度和伊朗一样，*ushtra* 这个词最初指双峰驼，后来指单峰驼。狄奥多罗斯注意到，在伊朗西部双峰驼被称为 *dituloi*，而借自波斯语的 *duhanij* 一词被采纳进阿拉伯语。这证明了前伊斯兰时期两个物种存在着明确的术语区别，且数量较少的双峰驼使用的是后发明的新术语。印度存在着同样的类型区别，但首先出现在月天（Hemacandra）的梵语词典中。来自古吉拉特（Gujarat）的月天是一位生活在 1088—1172 年的耆那教学者，他在关于骆驼的词汇中甄选出 *dvikakud durgalanghanah* 这个词，意思是"能跨越艰难道路的双峰［驼］"[22]。在这方面，同样重要的是居住在巴基斯坦西部和伊朗东南部沙漠中的俾路支人，他们可能是阿拉伯以东最重要的单峰驼饲养员群体，这些人大约在 1000—1200 年间才迁移到现在的居住地。[23] 如果单峰驼是由俾路支人带到印度的，就不仅可以解释梵语中单峰驼和双峰驼明显区别的较迟出现，也可以解释 14 世纪阿拉伯作家的说法——在印度"只有国王和他的追随者如汗（Khan）、异密（Amir）、维齐尔（Wazir），以及其他为政府服务的大人物才能拥有一些骆驼"[24]。此外，印度双人骑鞍座称为 *pakra*，这种鞍子结构上是从北阿拉伯驼鞍演变而来，而这个词可以说明，单峰驼作为骑乘动物最早引入时是相当稀缺的。[25]

再次回到印度把单峰驼用作挽畜的问题上。单峰驼很可能到 1000 年之后才大量出现在印度，而现代挽具技术到 1400 年还不为人知。因此，当现代挽具技术变得众所周知之时，无论具体是什么时间，双峰驼已经消失了。那么，既然现代挽具技术尚未出现，用单峰驼拉车的想法怎么会流行起来？为什么只是在印度？可以提出的唯一的答案是，当单峰驼出现时，双峰驼用作挽畜的经验最终影响到后来对单峰驼的使用。在单峰驼身上难以固定轭具，因为用一根带子围绕双峰驼的前驼峰来固定轭具，比用一根带子围绕单峰驼背上的大驼峰更容易做到。单峰驼的利用方式可能是把绳索或带子简单地撂在北阿拉伯驼鞍上。应该记住的是，北阿拉伯驼鞍是现今印度挽具技术的一个内在组成部分。

在 1590 年或这一年前后所写的一份有关莫卧儿阿克巴皇帝宫廷组织的报告，确认皇帝的驼厩里以单峰驼为主，而且还用来拉车。[26] 虽然那时现代挽具可能已经引入，但这项新发明似乎还没有应用于骆驼拉车。相反地，正如在印度使用鼻钩从双峰驼推广至单峰驼，用骆驼牵引四轮车的做法看起来也一样。仅有的不同是，挽具技术从不太方便的轭具改为也不怎么有效的北阿拉伯驮鞍。肩隆带挽具是后来添加的改进。至于为什么这种做法未曾传播开来，答案一定是，只有原本把双峰驼用作挽畜的人才能想到，它的单峰表亲也可以这么使用，在印度，这样的人主要存在于公元 1000 年。在曾经用双峰驼拉车的伊朗，单峰驼以其在商队贸易中的优势大获全胜，表明车辆是不适合这种贸易的。[27] 在单峰驼世界之外的中亚，双峰驼则继续用来拉车。

190

　　从以上有关中亚和印度骆驼挽车的讨论可以得出两个有用的结论：首先，双峰驼可以使用轭具来拉车，但轭具的效率不如后来取而代之的肩隆带挽具；其次，没有证据表明印度河流域在引入现代挽具技术之前，单峰驼曾被套在轭具上，尽管这可以想象，但不太可能发生。如果将目光投向公元纪年前五个世纪里中东地区骆驼与车辆之间的竞争，以上结论的重要性在于，由于只存在轭挽具和单杆车的组合，单峰驼不可能以足够的效率拉车，再加上四轮车的额外成本，作为挽畜的单峰驼竞争不过作为驮畜的自己。

　　至于轻型挽具，略有文献提及，甚至还有一条关于成队骆驼拉着战车参加竞赛的描述。骆驼偶尔也用于在盛大仪式上拉车，因为它们带来了一种新奇气氛和异国情调。[28] 有报告称，在 9 世纪的伊斯兰时代，有人"坐在骆驼拉着的车上从巴士拉（Basra）出发去朝圣，人们都惊奇莫名"[29]。此外，我能找到的提到在中东或北非有骆驼车队的唯一材料，是《以赛亚书》（Isaiah）21:7。但现代译本把詹姆斯一世钦定版《圣经》中的"战车"（chariot）译成"成对骑者"（pair of riders）。[30] 简而言之，确曾存在过将骆驼套在车上的尝试，不过，除了下文要讨论的突尼斯和的黎波里塔尼亚，这种尝试不是很认真。不成功的原因一定是基于轭具原理的挽具技术不足。

192　　骆驼拉车（在中东和北非）只见于三个地区：突尼斯、摩洛哥和阿拉伯西南部。首先谈谈最后也是最不重要的一个。骆驼拉车的图像证据在亚丁并不难发现，1877 年英国人居住点的一个报告提到"市政垃圾车是由骆驼牵拉的"[31]。图像显示其套挽方法非常类似于印度，双辕间的单个骆驼靠一根系在南阿拉伯驼鞍前拱上的带子来拉动并承受负载，应该是引入了英属印度的做法。然而，至少在也门的某些地方还在使用原始牛车。[32] 在笨重的牛车轭挽具和用于骆驼的挽具之间，难以建立起联系，但可以想象的是，一旦这种想法出现，任何类型轮式车辆的使用知识都会激发人们使用驼车的意愿。

用作挽畜的骆驼情况在摩洛哥比在亚丁更难弄清，但由于两地对骆驼的使用方法可能与突尼斯相类似，最好将这两个案例放在一起处理。在突尼斯，骆驼用于耕作和牵引双轮车。前者既见于沙漠地区的贝都因人中，也见于东部沿海相对葱郁的农业区；后者大致局限在沿海农业区北部的卡本（Cap Bon）。但不知道驼车在沙漠地区是否存在，尽管在加夫萨（Gafsa）、托泽尔（Tozeur）和内夫塔（Nefta）等撒哈拉沙漠种植椰枣的绿洲中是有马车的。[33] 毋庸赘言，骆驼只生长于沙漠地区。

　　耕作和牵引双轮车这两种使用目的的挽具类型都是肩隆带挽具。就像在印度和中亚一样，肩隆带绕过骆驼的肩膀，力量作用于连接颈部和背部的长椎骨。然而，与印度挽具不同，承载车辕重量的是由同样的环连接到车辕上的两条带子。一条带子从驼峰前绕过，另一条则从驼峰后绕过。没有鞍座，虽然绕过背部的双带让人联想到第五章提到的在两侧悬挂篮子的做法，并且可能的确与此相关。而在印度，如前所述，人们只用一条带子连接车辕，绕在驼背上的北阿拉伯驼鞍上。当用骆驼耕作时，耕犁的曳绳相对较轻，绕过骆驼臀部的绳索足以紧固它们，并帮助将肩隆带固定在合适位置。[34]

　　就耕作而言，摩洛哥的情况则完全不同。骆驼被广泛应用于耕作，但几乎总是两两成组，或两头骆驼一组，或更常见的是一头骆驼加上另一种牲畜。轭具置于动物身下的前腿之后，牵引力来自绕过颈部或有时连接到颈部顶端木梁上的带子上。[35]

这个侧腹轭（subventral yoke）使得不同大小的动物可以牵引同一个犁具，当然一个普通的轭具也可以用于不同大小的动物，只是会搞出麻烦来。[36] 至于车挽具，我只找到一种被称作 *araba sicilienne* 的驼车，它由单个骆驼用驮鞍来挽引。[37]

这两个不同但也许并非不相关的挽具传统，显然是在北非这两个地区各自演化出来的。犁耕挽具则完全不同，从资料提及摩洛哥车挽具利用了驮鞍来看，似乎更像亚丁，而不像根本不使用鞍的突尼斯。遗憾的是，除了可能指向罗马起源的词汇分析，有关摩洛哥挽用技术的历史无据可查。[38] 另一方面，突尼斯有非常有趣和重要的图像证据，表明有关现代挽具技术引入欧洲的现有学说，即使不是大错特错，也是不完整的。

在突尼斯边境以东的的黎波里塔尼亚发现了几个可以追溯到罗马时代的石浮雕，浮雕描绘的是一头正在耕地的骆驼。[39] 明显使用绕过骆驼肩膀的肩隆带，恰与今天突尼斯挽用骆驼的方式一致。不出所料地，浮雕显示套于轭下的牛也在同样的田地里耕作。浮雕被断代为自公元 2 世纪后期或 3 世纪早期到 4 世纪中叶，因而成了西方对单畜有效挽用的最早例证。[40] 罗马骆驼挽具和现代突尼斯骆驼挽具设计相同，如果这本身还不足以证明自罗马时代以来骆驼在突尼斯持续地用于耕作的话，那么伊本·赫勒敦（Ibn Khaldun，死于 1382 年）的《柏柏尔人历史》（*The History of the Berbers*）则对这一连续性提供了确凿证据，书中指

图 12　突尼斯犁耕挽具
（注意越过驼峰拉起曳绳的绳子和连接垂线到犁梁的曳用横木）

出，的黎波里塔尼亚的阿拉伯部落民用骆驼耕作。[41]

　　看起来，挽具历史上三项至关重要的发明，可以追溯到罗马帝国的的黎波里塔尼亚的农民。他们在跨撒哈拉沙漠商路北端的大莱普提斯（Lepcis Magna）腹地从事农耕，当他们从南方缓慢地渗透来到北非时，成了第一批接触骆驼的农业人群。[42] 这种动物很陌生，但熟悉起来很快，易于购买，而且养护方面与牛相比显然经济得多。此外，该地区骆驼利用的模式尚未成型，因为骆驼游牧在北方才刚刚开始，在东部已经使用骆驼的地区也还没有获得主导性地位。正是因为对骆驼及其正确使用全无成见，农民发明了一种把骆驼套到耕地犁具上的方法。如此这般，他们创造了单畜挽具，在肩隆带上发现了胸带的原理，并发明了用以系曳绳的横木，这个木棒垂直于犁梁，使曳绳得以在动物后面散开。

要问的问题是，这些奇妙的发明又引起了什么？迄今为止，一个被广泛接受的说法是，单畜挽具与胸带起源于远东，通过游牧民的迁徙穿越中亚，在墨洛温王朝时期（the Merovingian period）到达欧洲。[43] 用以系曳绳的横木的起源稍微有点争议，但其法语词 *palonnier* 被追溯到一个德语词根，并推断它也来自东方的某个地方。[44] 显然，现有理论无法解释突尼斯的证据。最慷慨的历史解读也难以在公元 3 世纪罗马帝国治下的北非找到显著的中亚影响。

如果不是因为有一些额外的证据，可能有人会说突尼斯的骆驼挽具仅仅是一种地区性现象而已。证据之一是苏塞(Sousse)博物馆里的一个罗马灯座，苏塞位于突尼斯东海岸，就是罗马时代的城市哈德鲁米图姆（Hadrumetum）。这个灯座因为提供了图像证据，所以是所有证据中最重要的。[45] 灯座的断代是公元 1 至 3 世纪之间，灯座上是模压的一辆轻型双轮车图像，由一匹马在两辕之间牵引，车辕连接在看似马项圈的地方。在功能方面，尽管图像缺乏细节，但似乎已经具备了现代挽具的每一个特征。此外，马的颈项显示为伸展的，正是有效牵引的适当位置。相关的罗马图像一般突显颈部肌肉的紧张，因为受到了项前带子的压力。

这不是已知罗马图像中有关现代或近乎现代的马挽具的唯一证据，此前已在浮雕和马赛克图案中发现有几种单畜挽具。[46] 然而，研究者为了坚持现代挽具技术中亚起源说，把这些证据要么标记为异常现象，要么指摘它们某些功能方面的欠缺。[47] 它们中的一些，辕杆或曳绳所连接的马项圈在马颈上的位置也确实显得不大实际，不过我们还是要认可它们证明了现代挽具技术的中世纪起源。[48] 艺术家的主要目标并非复制真实事物，让他们精确描绘新设备可能是期望太高了。苏塞的灯座证实，有一种有效的现代挽具应用于罗马帝国时期，这足以让其他那些迄今为止不大被关注的证据重新获得重要性。

现代挽具技术因其在农业效率方面的大大提升，是否实际上是从南方传到欧洲，作为罗马独创性的最后礼物，而非在几个世纪后来自东方？要确定这一点，需要对南欧的农业和运输经济进行彻底研究。然而，几种不同类型的数据支持以下假设：在的黎波里塔尼亚和突尼斯南部，从公元1世纪开始逐渐增强的骆驼可用性，推动罗马殖民者把骆驼用于耕作。结果，出现了新的挽具概念。反复试验的结果是：骆驼之外的动物以新的方式套挽起来耕作，而骆驼用肩隆带挽具拉车，最终，马用胸带挽具拉车。与马项圈概念相关的挽具发展可能在欧洲和

198

199

200

北非同步进行，但罗马帝国的衰亡引发了经济大萧条，之后，突尼斯因伊斯兰征服而比大多数地区更快恢复。在整个罗马衰落和外敌入侵时期，突尼斯、西西里和南意大利长期维持着共同的文化与利益联系，这种联系因公元 9 世纪穆斯林征服西西里岛而进一步强化，因此，存在着一条把现代挽具技术从突尼斯引入或再引入南欧的固有路线。穆斯林西班牙则提供了另一条路线，尽管技术概念归根结底都源于突尼斯。总而言之，南欧现代挽具的起源要追溯到突尼斯，尽管在北欧可以另外找到来自东方的影响。

这个假说的前两点已经被论证，但单单苏塞的一个灯座还不能被当作从骆驼耕地到马拉车之间技术转移的证据。需要找到证据链中的链条，而这个链条由两块浮雕和一段铭文来提供。一块浮雕描绘骆驼拉犁，但也显示有另一个动物的一部分，可能是一匹马，在骆驼前面拉犁。另一块浮雕无可争议地展示了一匹拉犁的马，用的可能是胸带挽具。[49] 可见，首先用于骆驼的单畜挽具技术显然转移到了其他动物身上。铭文是公元 4 世纪上半叶一张零碎的收费清单，为一峰拉车的骆驼（*camelus carricatus*）设定交换价格。[50] 由于 *camelus* 这个词是单数的，可以推测突尼斯仍然使用单畜肩隆带挽具。因而，新技术显然在车辆和耕具上都有尝试。由此往前一步，就到了苏塞的马拉车灯座，发展理路是顺理成章的。

201

要证实关于新技术传播的这个假说，还有一种存在于中世纪突尼斯的反常现象有待解释：车辆在中东和北非普遍消失的情况并没有出现在突尼斯。这一异常现象的原因显然是，在直接的竞争下，与配备了现代挽具、可以不走公路的拉车骆驼相比，驮载骆驼的经济效率并不是更高。但如果这个异常真存在过，历史资料里应该会有证据。事实上，这种证据确实有，见于两份 9 世纪后期的历史报告，表明当时仍存在着相当数量的某种二轮货车。第一份材料属于 881—882 年，说的是 Ifriqiya（即突尼斯）阿赫拉比王朝的一位埃米尔用二轮货车运送大屠杀遇难者的尸体去埋葬。[51] 这一事件发生在位于突尼斯南部边界以西不远的阿尔及利亚的一个叫札布（Zab）的地区。如果这些二轮车只是这个尚未完全平定地区的那些被屠杀的居民的财产，那么对这些大车的记载可以看作过去时代的残余而不必重视。但是，另一条记录证实，这些大车在突尼斯的阿拉伯人首都凯鲁万（Qairawan）仍然被使用。894 年，同一位统治者易卜拉欣二世（Ibrahim II）在突尼斯镇压了一场叛乱，并从凯鲁万派二轮车去那里运战利品。[52] 资料提到俘虏的数量是 1200 人，那么可以肯定有很多车参与其中，并且车甚至在当时的阿拉伯人首都凯鲁万也不常见。凯鲁万不是一个前伊斯兰城市，而是由入侵的阿拉伯人于 670 年在苏塞以西建立的，最初只是一个军营。此外，从西西里发出的一份希腊文本有点含混地提到，在

202

穆斯林统治期间该岛屿上使用着轮式车辆。[53] 穆斯林对该岛的
征服是由同一个易卜拉欣二世完成的。

因此，考虑到轮式运输在突尼斯并没有像在其他地方那样
消失 [54]，如果我们关于新技术传播的假说是可以成立的，那么
还需要确定挽具技术在突尼斯、南欧与古典时代之间的连续
性。在严格的物质意义上，可以观察到的是，南欧使用胸带挽
具比北欧要普遍得多，而突尼斯、马耳他和西西里使用的车挽
具完全相同。[55] 可是，还不清楚这种技术的相似性持续了多长
时间。为确定年限，必须对技术术语进行比较。

204   阿拉伯语和罗曼语的挽具术语图表，清楚地展示了突尼斯
阿拉伯语、意大利语、西班牙语和葡萄牙语术语之间的密切关

图 13   突尼斯 *kirrīta* 的挽具

系，以及法语和普罗旺斯语术语之间的差异，要进一步阐明这种情况，还需要一些具体的分析。看看与突尼斯二轮车相关的阿拉伯语术语，最令人吃惊的是，ʿaraba 是突尼斯沿海农业地区二轮车的常用词，而 kirrīta 则是在种植椰枣的撒哈拉南部绿洲词。前一个词是现代阿拉伯语中的"车"，行用于 11 世纪突厥人进入中东之后；[56] 后一个词显然与 carretta 相同，是所有罗曼语中表示"车"的基本词。考虑到 ʿaraba 流行于都会区域，以及 carretta 只在较偏远的地区使用，不难得出结论，前者会取代后者，这种取代发生在 13 或 14 世纪。佩德罗（Pedro de Alcalá）于 1505 年编纂的西班牙语－阿拉伯语词典中，可以见到这个阿拉伯语词的复数和小词形式。[57]

术语中特别重要的，是现在要讨论的关于胸带、横木和连接装置的术语。突尼斯阿拉伯语和马耳他语的"胸带"一词来源于阿拉伯语的"胸部"一词，意大利语、西班牙语和葡萄牙语的"胸带"一词则来源于拉丁语的"胸部"一词。英语"胸带"一词也是由"胸部"派生而来，这个派生过程似乎非常自然。然而，法语和普罗旺斯语则有完全不同的词汇，显然是从意为"弹弓、石弩"的一个意大利语词衍生出来的，是单畜胸带挽具要使用的一种装置。[58] 至于源于"胸部"的词汇的古老性，讲高度意大利语化的阿拉伯语的马耳他，1090 年以后就不归阿拉伯人统治了。马耳他语的这个词只是意大利语词的阿拉伯语翻译，这并不奇怪，但难以想象的是，这个词如何会在 11 世纪后的突尼斯流行起来。

差不多同样的情况也适用于"横木"这个词。法语和普罗旺斯语中的相关词汇都有明显的日耳曼语词源，而意大利语、西班牙语、葡萄牙语和突尼斯阿拉伯语中的相关词汇都有"平衡"或"平滑"的词义。[59] 似乎无论"横木"还是"胸带"，7 世纪入侵北非的阿拉伯人都是把现成的罗曼语词汇译成阿拉伯语语义上的对等词。值得注意的是，横木不常与犁具一起使用，而在突尼斯使用的犁具在这方面就是不同寻常的。[60] 因此，即使没有罗马时代的证据证明它在突尼斯的古老存在，该装置也绝不可能是最近从欧洲引入的。

第三个有古典时代联系的术语是绕过动物背部、连接两辕、使动物背部承重的带子，用于骆驼时是一双带子，用于马时，带子经由马鞍绕过马背。突尼斯阿拉伯语这个词似乎不是源于阿拉伯语词根，而更像是与在意大利语、西班牙语和葡萄牙语中混淆起来的一组术语相关，这些术语的含义包括挽具、轭、连接物和挂钩形状等。法语和普罗旺斯语再一次不相关。很难确定这些术语确切的词源史，但有图像显示，*cangai*（*cangalha* 的地方形式）在葡萄牙南部阿尔加维省（Algarve）使用，证明葡萄牙使用相同的装置，尽管明显不同于突尼斯、马耳他和西西里。[61] 形式上的大量变形，加上词源学上的强烈不确定性，表明这个词在涉及的所有国家都是非常古老的。

　　所有这些证据还不能决定性地证明欧洲现代挽具技术起源于罗马和突尼斯，但基本上情况就是这样的。意大利、西班牙和葡萄牙与穆斯林文明联系最深，又与突尼斯共享大量古典时代的技术术语。法国南部则距穆斯林的影响较远，属于一个不同的术语环境。虽然发明的源头可以定位在南突尼斯和的黎波里塔尼亚，但穆斯林西班牙似乎与西西里共享了传播者的角色。事实上，尽管没有留下相关的描述，19 世纪的西班牙还存在骆驼拉车。[62] 穆斯林西班牙和穆斯林西西里岛作为传播者的联系，也许可以最终解释摩洛哥飞地何以会使用 *araba sicilienne* 驼车。

　　这样就有了一个也许略显夸张的结论：单峰驼所到之处，车轮都消失殆尽了，只有一个独特的例外，在那里单峰驼推动了现代挽具技术的发明，从而引发了欧洲农业和交通运输的根本变革。目前仍难解释的是，为什么现代挽具技术没有传播到突尼斯以外的北非其他地区。也许只是因为突尼斯的农业区人口是如此的罗马化，与北方联系更紧密，以至于即使到了伊斯兰时代，突尼斯仍保持着一种与马格里布（Maghreb）其他地区截然不同的文化。然而，无论关于突尼斯挽用骆驼的真相如何，问题最奇异之处在于，前述假说与解释中亚马项圈发明的假说之间存有一种巧合。

208

我既无意也无力讨论全部的中亚挽具史，这里仅关注涉及双峰驼的部分。前已述及，中亚双峰驼自驯化之初就被用来拉车。不过，这里要说的是双峰驼作为驮畜的角色。安德烈·奥德里库尔（André Haudricourt）以一种颇有说服力的语言学讨论，论证马项圈起源于中亚，从东方传入东欧和北欧。[63] 此外，他的论证还把中亚马项圈的发明与当地双峰驼使用的驮鞍类型联系在一起。奥德里库尔观察到，从英语到吉尔吉斯语的相关词汇仅仅指马挽具，但在蒙古语和阿尔泰语中却既指骆驼鞍又指马项圈，在满语、哈萨克语和藏语里仅仅指骆驼鞍，他由此得出结论，最初的马项圈是一个驮鞍，被竖起来围挂到马颈上了。

这一源于语言学的论证既可能被证实，也可能被否定，尚有待参考中亚鞍座设计的图像证据。根据奥德里库尔的观点，马项圈是从中亚驼鞍演化而来，而中亚驼鞍是一个马蹄铁形的垫板，像南阿拉伯驼鞍那样，垫板上两根木棍平置两侧，由绕过驼峰前后的皮带子连接在一起。没有使用南、北阿拉伯驼鞍那种把鞍座框架紧固起来的鞍弓，因为双峰驼必须使用一个很长的鞍，因双峰较低、倒伏较大而更能够支撑鞍座，这两个因素最小化了负载滑坠的危险，而防止负载滑落恰恰是南、北阿拉伯驼鞍使用鞍弓的主要原因。奥德里库尔的理论是把这个中亚驼鞍从水平旋转为垂直，架到马颈上，这样，马蹄形垫板就成为马项圈的垫圈，而两根木棍成为连接两辕的框架。

　　不幸的是，在现代挽具技术发展的时期，这一类型驮鞍的图像证据在中亚并不多见。大体上看，大量唐代明器艺术品中骆驼俑和数量较少但形象近似的北魏（386—534）骆驼俑呈现了颇为不同的鞍座。[64] 驼峰四周覆盖着有装饰图案的东西，可能是毛毡，但驼峰前后都不见垫板。至于那两根木棍，实际上是宽木板或捆扎起来的芦苇，中间紧贴驼身，两端向外弯曲翘起。[65] 两侧宽板的连接点似乎在驼峰之间，而不在宽板外翘的两端。因此，看不出这种鞍座如何可能垂直旋转，并套在马颈上。

　　奥德里库尔的观点里那种直木杆确实见于今天中亚所用的驼鞍，也偶见于唐代骆驼俑，但即便是在使用直木杆的情况下，用来支撑它们的垫板也不是围绕驼峰，而是分成两部分，一边一个。[66] 此外，我们还记得一幅大约公元 600 年有关骆驼拉车的中国洞窟壁画，展示的不是项圈，而是一个坚硬的马蹄形装置，暗示一个适用单畜的轭具。如今，双峰驼拉车一律使用肩隆带挽具。一言以蔽之，图像证据与奥德里库尔的观点相悖。然而，考虑到从唐代到现在鞍座设计的变化，奥德里库尔的观点确实提出了另一种可能，马项圈的发明影响了驼鞍的设计，导致出现了奥德里库尔所注意到的那些词汇上的异常。

　　综上所述，作为挽畜的骆驼是一个复杂话题。这一现象在地理上不连续，显然还受到各地习俗与环境的影响。关于这个主题的信息很难找到，特别是有关骆驼用于拉磨和灌溉的信息更属罕见。可以观察到的是，一些地区如埃及三角洲和阿拉伯[67]，基本上使用南阿拉伯驼鞍，而另一些地区如伊朗，可以找到肩隆带挽具；[68] 但是，并不清楚这些技术是如何演变或在何处演变。尽管讨论存在局限，骆驼作为挽畜的现象仍与本书主旨相一致，即驮载骆驼在中东和北非取代了轮式运输。印度、亚丁、突尼斯和摩洛哥都有用单峰驼拉车的例子，但只有突尼斯可以追溯至骆驼和车轮竞争的时期，且那里的车轮看起来未曾消失。至于双峰驼，它们用作挽畜的地方，在地理上远离骆驼

图14　伊朗伊斯法罕用肩隆带挽具牵引亚麻籽油磨坊的骆驼

与车轮对决的竞技场。最后，突尼斯骆驼文化对欧洲挽具史的
贡献尚有待证实或否定，而中亚骆驼文化的贡献似乎还难以成
立。然而，如果未来的研究能够证实这一点，不仅骆驼在世界
历史上的作用会多一个脚注，突尼斯、西西里和意大利之间从
罗马时代到中世纪存在的紧密联系也会获得新的证据。

注释

1. Herbert M. Barker, *Camels and the Outback* (London: Angus and Robertson,1964); Tom L. McKnight, *The Camel in Australia* (Carlton, Victoria: Melbourne University Press,1969), pp. 45-47, pls. 4-5,8.

2. 研究挽具史的先驱是理查德·勒费弗尔·德·努埃特，著有 *La force motrice animale à travers les âges* (Paris: Berger-Levrault, 1924) 以及 *L'Attelage: le cheval de selle à travers les âges* (Paris: A. Picad, 1931)。对其著作最重要的反思与扩展是李约瑟（Joseph Needham）和王玲（Wang Ling）的 *Science and Civilisation in China* (Cambridge, Eng.: Cambridge University Press, 1965), IV, pat II, pp. 243-253, 303-328。

3. Needham and Wang, *Science and Civilisation*, p. 306.

4. 现代挽具的扩散始于汉代早期；Needham and Wang, *Science and Civilisation*, pp. 308-312。

5. Lefebvre des Noëttes 有一张照片显示大概在阿富汗的项前肚带挽具应用 (*La force motrice*, fig. 195); 我有一张照片，显示今日在阿拉伯地区的驴用同样的挽具从井里往外拉水。

6. 在上埃及地区一对骆驼用轭具牵引犁地，见于Clement Robichon and Alexandre Varille, *Eternal Egypt* (London: Gerald Duckworth, 1955), fig. 79。图中轭具似乎置于一块填塞颈项弯曲段的板子上，看起来这不大可能适用于挽车，因为那样施加于颈项的压力会大得多。

7. 牛用轭具的图片可见 Lefebvre des Noëttes, *La Force motrice*, figs. 211-214, and Needham and Wang, *Science and Civilisation*, fig. 537。

8. André G. Haudricourt and Mariel Jean-Brunhes Delamarre, *L'homme et la charrue à travers le monde*, (Paris: Gallimard, 1955), pp. 155-164.

9. Needham and Wang, *Science and Civilisation*, pp. 308-312.

10. Needham and Wang, *Science and Civilisation*, p. 327.

11. Barker, *Camels and the Outback*, pp. 20-21, 描述了这种带子及其作用。McKnight, *Camel in Australia*, 有很好的图片 (pls. 5 and 8)，还有一张图片显示骆驼如何用马项圈套上双轮单座轻马车 (pl. 4)。

12. Masson and Sarianidi, *Central Asia*, pl. 36.

13. Anatol Démidoff, *La Crimée* (Paris: Ernest Bourdin,1855), p. 157.

14. 例如有图像显示22头牛牵引一辆车，见D. T. Rice, *Islamic Art* (New York: Praeger, 1965), p. 63。

15. 关于这一实践确曾从印度传播到亚丁的讨论，见下文。

16. Tarr, *The Carriage*, p. 103.

17. Karl Jettmar, *Art of the Steppes* (New York: Crown, 1967), pp. 65-81.

18. Needham and Wang, *Science and Civilisation,* pp. 308-312.

19. Needham and Wang, *Science and Civilisation*, fig. 569.

20. Needham and Wang, *Science and Civilisation*, p. 327.

21. Lefebvre des Noëttes, *L'Attelage*, fig. 371.

22. P. K. Gode, "Notes on the History of the Camel in India between B. C. 500 and A. D. 800," *Janus*, 47(1958), p. 137. 这篇文章的价值大打折扣，只因作者不知道*ushtra*本来指双峰驼而不是单峰驼。

23. R. N. Frye, "Balūčistān," *Encyclopaedia of Islam*, new ed., I, p. 1005.

24. Otto Spies, *An Arab Account of India in the 14th Century*, Bonner orientalistische Studien #14 (Stuttgart: W. Kohlhammer,1936), p. 48. 资料来自埃及人 al-Qalqashandī 的 *Subḥ al-Aʿshā*, 也许距离太远而不太靠得住。

25. Leese, *The One-Humped Camel*, pp. 126-127, pl. 6.

26. ʿAllāmī, *Āʾīn-i Akbarī*, 翻译本pp. 225-226, 285。资料首先提到检阅时的骆驼队，这显示它们被视为值得炫耀的动物。早期资料提到两种骆驼都有，之后就只有单峰驼了，双峰驼不再被提及。

27. 在中亚商路上，驮运骆驼比现代的骆驼牵引大车要便宜。Lattimore, *Desert Road to Turkestan*, p. 226.

28. Demougeot, "Le Chameau et l'Afrique," p. 230, pl. II-D.

29. Ibn Taghrībirdī, *An-Nujūm az-Zāhira fī Mulūk Miṣr wa al-Qāhira* (Cairo: Dar Kutub Misriya, 1930), II, 307.

30. 修订过的标准版与耶路撒冷《圣经》都有正确的释读。

31. F. M. Hunter, *An Account of the British Settlement of Aden in Arabia* (London: Trubner & Co., 1877), p.79. 一个优质图片参见Ameen Rihani, *Around the Coasts of Arabia* (London: Constable, 1930), pl. 24。

32. Ahmed Fakhry, *An Archaeological Journey to Yemen* (Cairo: Government Press, 1951), part III, pl. XXXIX-B. Richard Gerlach, *Pictures from Yemen* (Leipzig: Edition Leipzig, n. d.), illus. [43].

33. Gilbert Boris, *Documents linguistiques et ethnographiques: sur une région*

202

骆驼与轮子

du sud Tunisien (Nefzaoua) (Paris: Adrien Maisonneuve, 1951), pp. 16, 19, 图示了贝都因人使用骆驼耕地。亦请参见F. Couston, "Le Chameau de trait dans le Sahara algérien," *Journal d'Agriculture Pratique*, n.s. 31 (1918), pp. 408-411。

34. Boris, *Documents,* p. 19.

35. Haudricourt and Delamarre, *L'Homme et la charrue*, pp. 260-261.

36. 在埃及三角洲至今还可以见到骆驼与其他动物配对耕地。

37. Max Ricard, *Le Bossu au pied mou: conférence prononcée le 23 decembre 1951* (Fez: Editions Amis de Fès, 1953), p. 15. Ricard 也提到 (p.13) 偶见的单一骆驼耕地，但他对挽具未加描述。

38. E. Laoust 指出摩洛哥柏柏尔人挽具术语中的拉丁词汇，见 *Mots et choses berbères* (Paris: Augustin Challamel, 1920), pp. 291, 293。

39. Demougeot, "Le Chameau et L'Afrique," pp. 230-233, 236-240, pls. III-A, IV-B-C; O. Brogan, "The Camel in Roman Tripolitania," *Papers of the British School at Rome*, 22 (1954), pp. 126-131; P. Romanelli, "La Vita Agricola Tripolitana Attraverso le Rappresentazioni Figurate," *Africa Italiana*, 3 (1930), pp. 53-75.

40. 最早普遍接受胸带挽具始自8世纪，Lynn White, *Medieval Technology and Social Change* (Oxford: Oxford University Press, 1962), pl. 3。

41. William MacGuckin de Slane, ed., *Histoire des Berbères* (Algiers: Imprimerie du Gouvernement, 1847), I, 105; 同氏翻译本(Algiers, 1852), I, 164。

42. 参见第五章。

43. Needham and wang, *Science and Civilisation*, pp. 315-319,326-328.

44. Haudricourt and Delamarre, *L'Homme et la charrue,* p. 185.

45. 博物馆出版的馆藏目录里没有提到这个灯。我要感谢馆长Ben Ahmed Abdel Hadi先生提供图片。

46. Needham and Wang, *Science and Civilisation*, figs. 552-554.

47. Lefebvre des Noettes, *La Force motrice*, pp. 54-56; Needham and Wang, *Science and Civilisation*, pp. 315-318.

48. 例如Lefebvre des Noettes, *L'Attelage*, figs. 140-144, 148。

49. Romanelli, "La Vita Agricola," figs. 4-5.

50. Demougeot, "Le Chameau et l'Afrique," pp. 240-241. 考维特引述罗马治下突尼斯负载骆驼及赶骆驼人的收费情况时，显然指的是同一个铭文 (*Le Chameau*, I, 35)。不过，据德莫格特更学术性的解读，考维特对*carricatus*这个词的翻译不正确。

51. Mohamed Talbi, *L'Émirat aghlabide* (Paris: Adrien Maisonneuve,1966), pp. 287-288.

52. Talbi, *L'Émirat aghlabide*, p. 295.

53. Michele Amari, *Storia dei Musulmani di Sicilia* (Florence: Felice le Monnier, 1858), II, p. 446. 这个史料是关于St. Filareto 的生平的，还提到骡子*ad vehicula trahenda aptissimi*。

54. Jean Despois 在 *La Tunisie orientale; Sahel et Basse Steppe* (Paris: Les Belles Lettres, 1940), pp. 168-169中，述及11世纪凯鲁万的马拉磨坊，资料来源不是很清楚，但很准确，其观察也暗示存在着某种现代的马挽具。

55. Needham and Wang, *Science and Civilisation*, pp. 316-317. For pictures of Sicilian and Maltese carts see, repectively, Cecilia Waern, *Mediaeval Sicily* (London: Duckworth, 1910), p. 313, and Augustus Hoppin, *On the Nile* (Boston: J. R. Osgood, 1874), pl. V.

56. Clauson and Rodinson, "Araba."

57. Petrus Hispanus, *De Lingua Arabic Libri Duo*, ed. Paul Lagarde (Göttingen:

Dieterich Arnold Hoyer, 1883), p. 142.

58. Émile Littré, *Dictionnaire de la langue française* (Paris: Hachette, 1881), I, p. 417.

59. 拉丁词根*lanx* 指叠置的平盘(*bi-lances* = 两只盘子)，阿拉伯语词根更多有轻松和平顺之义，可以想象本地用法中把它们视为同义词。

60. Haudricourt et Delamarre, *L'homme et la charrue à travers le monde*, pp. 177, 262. 马耳他的犁具配有横木 (p. 262)。

61. Needham and Wang, *Science and Civilisation*, p. 322, fig. 560.

62. A. Dareste, "Rapport sur l'introduction projetée du dromadaire au Brésil," *Bulletin de la Société impériale zoologique d'acclimatation,* 4(1857), p. 190. John D. Latham 提出*kirrīta*于13世纪由西班牙难民引入突尼斯。"Towards a study of Andalusian Immigration and Its place in Tunisian History," *Les Cahiers de Tunisie*, 5 (1957), p. 232. 尽管他举出了足够多的证据来证明这些难民是熟悉二轮车的，他却未能论证在难民到来之前突尼斯完全不用车辆。他的观点绝非错谬，但必须经由已知的有关13世纪前车辆使用的证据来检验。感谢James Monroe 教授让我注意到这篇文章。

63. André G. Haudricourt, "Contribution à la géographie et à l'ethnologie de la voiture," *La Revue de Géographie humaine et d'Ethnologie* 1 (1948), p. 61.

64. 已出版的样品包括Brentjes, "Das Kamel," pp. 26, #5; 46, #2; Rostovtseff, *Caravan Cities*, pl. IV, #1; Osvald Sirén, *Histoire des Arts Anciens de la Chine*, III, pls. 32, 33-B, 100-A. 其他研究过的样品见于英国国家博物馆、维多利亚和阿尔伯特博物馆。

65. 这种用芦苇制作的鞍座如今吉尔吉斯人还在用，只是比较少见。*Aziatskaia Rossiia* (St. Petersburg: Tovarishchestvo A. F. Marks, 1914), I, p. 158.

66. 一件装有这一类型驼鞍的有趣的唐俑，展现了一峰骆驼驮着一整个伎乐团，见《新中国出土文物》（北京：外文出版社，1972），图版第143号。

67. 阿拉伯的例子可见François Balsan, *A travers l'Arabie inconnu* (Paris: Amiot Dumont, 1954), photo opposite p. 65。

68. Dominique et Janine Sourdel, *La Civilisation de l'Islam classique* (Paris: Arthaud, 1968), illus. 97.

无轮社会

　　本书始于一个简单的观察，即某个主要的文明社会在历史某个时段竟然放弃了轮式运输。解释这一现象为何以及何时发生，涉及大量琐碎及看似离题的技术性讨论。不过我希望，前文所述人类驯养与使用骆驼的演化史，使得弃用轮子的假说在历史语境里看起来是合理的。现在该问的是，放弃轮子造成了哪些历史后果？我们通常相信轮子是原始人的一个重大发明。如果真是这样，那么弃用轮子，岂非意味着社会退步和文化水平下降吗？然而，对中东和北非地区的疑虑因以下两点而化解。首先，弃用车轮，以及弃用一般性轮轴系统，并未导致退化。恰恰相反，水利灌溉、磨坊、制陶，以及其他需要使用轮子的行业，在伊斯兰哈里发繁荣时代都经历了技术改进。[1] 其次，更大规模的驮货骆驼经济标志着骆驼取代轮式交通，这与其说是技术退步，倒不如说是一大进步。很自然地，接下来人们会问：广泛使用骆驼是不是对社会造成了重大影响？还是说，影响是轻微的、边缘的，仅限于交通运输这一个层面？

探究这一问题有两条路径。一条路径是看这一改变在物质层面造成了什么，有轮和无轮环境究竟有哪些看得见的显著不同。关于这一路径的探讨接下来会在适当的时候展开。另一路径则是考察人们态度上的无形改变，这无疑更难，能得出的确切结论也更少，但却更加重要。物质路径主要关注轮子的缺席，态度路径则集中在骆驼的出现。骆驼在西方对中东和北非的文化成见中如此显要，已毋庸赘述。西方人将骆驼视为幽默可乐的动物，或者视为愚蠢恶心的动物。《不列颠百科全书》(*Encyclopaedia Britannica*) 第十一版把弗兰西斯·帕尔格雷夫爵士（Sir Francis Palgrave）的一段话视为权威论述而加以引用，他说，骆驼"从始至终是一种未被驯化的、野性的动物，只因愚蠢才被役使，做它们的主人不需要什么技能，也不需要跟它们有多少配合，除非在极端情况下。它们没有什么特别的喜好，甚至也没有什么特别的习性；从未驯服，却也没有机灵到真的狂野"[2]。

幸运的是，骆驼对这些令人沮丧的诽谤具有免疫力。另一个糟糕的影响是阿拉伯人的处境，荒谬之处在于，西方人脑子里阿拉伯人的形象是与滑稽的骆驼联系在一起的，简直不可分离。现今绝大多数受过教育的阿拉伯人极少或根本不了解骆驼，更不用说接触骆驼了。[3] 西方人所坚持的阿拉伯人只能离开骆驼几个小时的说法，往好了说是一个糟糕的玩笑，往坏了说是故意令人难堪。[4] 西方对骆驼的嘲弄观念，使得许多阿拉伯人也开始将骆驼视为一个落后的标志，这种动物在电影、文学、广告和新闻等媒介里标志着阿拉伯的一种负面形象。类似的现象就是人们的刻板印象中将美国印第安土著视为嗜血的野蛮人，还有那种现已不怎么流行的观念，就是将美国看作一个充斥着牛仔、印第安人和匪帮的国家。

只有先把脑子里关于阿拉伯人与骆驼的刻板印象涤荡一净，才能理解骆驼在中东和北非运输经济中崛起所造成的态度影响。纵观历史，一些阿拉伯人饲养过骆驼，而另一些阿拉伯人则没有。养骆驼的阿拉伯人总是对骆驼怀有敬意。这种情形亦见于索马里人、柏柏尔人和其他放牧单峰驼的人群[5]。不养骆驼的人则对骆驼没什么特别好感。养骆驼的阿拉伯人和城里的阿拉伯人对骆驼态度的不同，类似于美国牧场上的养牛人与美国城市里的牛肉食用者之间的不同。

双峰驼的情形颇有不同，因为公元前第一千年里，马匹作为最重要也最受尊崇的牧养动物崛起了。看上去骆驼在中亚操突厥语和蒙古语的游牧人的知识和精神生活中所扮演的角色，不如在阿拉伯游牧人那里那么重要，更别提索马里人和图阿雷格人了。对突厥文化中的骆驼做过最深入研究的鲁保罗（Jean-Paul Roux）举出了一些非常有趣的例子来说明那种把阿拉伯人与骆驼捆绑在一起的文化成见，并解释说，某些突厥人喜食驼肉是因为接触了阿拉伯人或伊斯兰教，而伊斯兰教最先只是阿拉伯人的宗教，如他所说是内在地亲敬骆驼的。[6]

　　骆驼牧养人和骆驼运输的间接使用者之间的这一区别，可以用来帮助我们观察中世纪的阿拉伯社会，我们会发现如今对骆驼缺乏好感的情况，同样存在于古代城镇和大都会人口中。那时骆驼还不是落后的象征，而仅仅象征着游牧。总的来说，人们不怎么考虑有关骆驼的事情。关于骆驼的阿拉伯文书籍只有寥寥几本，都写于伊斯兰教征服之后，虽已不存，很大可能这些书不是出于对动物的兴趣，而是出于语文学目的，旨在论述阿拉伯的部落诗歌。[7] 史料显示其中最晚的作品出自一位死于966 年的作者之手，而绝大多数同类文本都出现在一个世纪之前。在有关动物的通论性作品里，骆驼也没有得到比其他动物更多的关注。这类作品中最著名的是贾希兹的《动物之书》(kitāb al-Ḥayawan)，其中也只是在说其他物种时提及骆驼而已。[8] 比如，鸽子就得到了更多的关注。图像艺术中也是如此，骆驼经常作为陪衬出现，很少来到舞台中心。

　　两种人，一种是向来亲敬骆驼的骆驼牧养人，另一种是并不关心强壮的驼背带来什么好处的定居人。如果说，骆驼在运输经济中的崛起对这两种人对骆驼的态度影响甚微，那么，也一定会改变这两种人对待彼此的态度，因为他们之间的经济关

219

系发生了变化。对于游牧人而言，正如第四章已指出的，已有
很多证据显示他们对定居社会态度的变化，简直是以批发的形
式大规模接受定居社会的艺术标准、宗教信仰，并且在阿拉伯
征服赋予他们权势地位以后接受了定居社会的生活方式。最
终，许多参与征服的部落放弃骆驼牧养而开始定居。贝都因人
的生活和思想方式从前伊斯兰时期到现代化来临之前似乎没有
太大变化，不过那是因为在阿拉伯征服时代，骆驼技术和运输
经济的改变所导致的社会转型已基本完成了。要想看到与定居
社会的经济整合对贝都因人生活方式有何影响，应该比较的是
公元前 500 年与公元 500 年的沙漠社会，而不是公元 500 年与
1900 年的沙漠社会。

在定居农业社会一边，要记录他们对骆驼态度的改变就
更难了。可以理解，（对他们而言）最为剧烈的变化是被迫在
7 世纪接受游牧阿拉伯人成为统治者，以及随之而来的宗教和
语言变迁。而在伊斯兰征服的领导集团中，麦加商人很多，甚
至多于牧养骆驼的贝都因人。这些阿拉伯统治者在很短时间内
就完成了定居化，有效推广伊斯兰宗教与阿拉伯语靠的也是这
些不复牧养骆驼的阿拉伯人，如果他们曾经牧养过骆驼的话。
当然，养骆驼的游牧人继续生活在阿拉伯沙漠里，今天依然如
此，当穆斯林统治者遭遇这些游牧人所制造的周期性麻烦时，
他们的情形与前伊斯兰时代的统治者们差别其实不大。随着时

220

间的推移，因波斯人、突厥人、切尔克斯人以及其他非阿拉伯人群的崛起，伊斯兰世界在语言和血缘系谱上的排他性联系也大大溶解了。比如，阿拉伯人在北非的统治遭到柏柏尔骆驼游牧人的顽强抵抗，阿拉伯语一直未能够成为这一地区的优势语言，直到 11 世纪后阿拉伯部落民的迁入。

　　与阿拉伯人与非阿拉伯人之间的互不相干相反，定居社会与骆驼游牧人之间的关系，表面上看，前者对后者的态度少有可注意到的改变，仍旧是或多或少的蔑视。正如 9 世纪早期一位伊朗贵族所说："在所有我厌恶的事情上我已经变成了这些人（阿拉伯人）中的一员，我甚至也吃油、骑骆驼、穿凉鞋。"[9] 甚至存在过一种对部落诗歌文化影响的反击。下面是艾布·努瓦斯（Abū Nuwās，死于 810 年前后）对部落诗歌的拙劣模仿，可以作为上述反击的典型：

　　　　让南风挟带雨水润湿这荒索的景致

　　　　让时间洗去曾经的鲜亮与葱翠

　　　　让骑骆驼的人挣脱沙漠吧

　　　　在那里高贵纯种的骆驼跋涉不息

　　　　只有含羞草和丛蓟茂盛；在那里

　　　　四处觅食的狼和野狗一点也不稀奇

　　　　在贝都因人中你找不到丝毫乐子

　　　　　他们乐啥？他们活在饥饿与干渴里

221　　　让他们捧着碗喝奶吧，随他们去

　　　　　他们对人生的妙乐一无所知[10]

　　然而，如果放宽视野，还是可以找到态度改变的间接证据。具体地说，前伊斯兰时代政府警戒沙漠边疆的努力是将贝都因人尽可能远地驱离农耕区，这类做法在伊斯兰时代明显减少。对穿过或靠近贝都因人土地的商业和朝圣活动，只要政治上许可，政府会提供保护，但这种保护再也不像前伊斯兰时代那样以城堡网络的形式构成，比如同罗马人在其叙利亚和撒哈拉边疆，以及波斯人在其阿拉伯边疆所设的那种城堡要塞网络。交通当然要保护，但骆驼游牧民和平放牧的权利也被视为理所当然，政府对骆驼牧养人在经济中的地位有心照不宣的认可。游牧人和骆驼都被自然地看作环境的一部分，虽然并不让人艳羡。这可以算是定居社会改善了对贝都因人的态度。

　　第二个可察觉的、同样微妙的变化在于对沙漠本身的态度。尽管仍旧荒凉和危险，但无论是阿拉伯沙漠、叙利亚沙漠，还是撒哈拉沙漠，在中世纪的穆斯林心中都不再像前伊斯兰时代那样是令人畏惧的禁区。从一开始，北非穆斯林诸国就与内陆建立了比前伊斯兰时代更为轻松友好的关系。骆驼承载的撒哈拉贸易增长迅速。在中东，曾把罗马和波斯分隔开来的

叙利亚沙漠，不再成为一个重要的政治分界，直到 20 世纪贝都因人再次在经济上变得无足轻重。这种变化的原因，一定是骆驼在定居地区的广泛使用消解了人们对沙漠和游牧人由来已久的恐惧。对于定居社会来说，骆驼牧养人也许仍不是那么让人羡慕，但至少变得熟悉了。随着游牧者成为经济关联的一部分，他们让定居社会的人们认识到，沙漠也是丰产之地。

最后，撇开骆驼不谈，在我们所讨论的这整个地区，似乎发展出一种反对轮式车辆的无意识偏见。很难找到这一偏见的清晰线索，因为最明显的迹象，具体地说就是现代中东和北非重新引入轮式车辆的缓慢进程，又与当地对西方文化的种种抵制纠缠在一起。无论如何，直到 20 世纪 20 年代 [11]，两峰骆驼共抬的轿子仍可见于开罗，而在德黑兰的建筑工地上，人们至今都几乎不知道手推车的存在，在那里人们用一种两人抬的担架来搬运所有重物，显示了一种普遍存在的无轮心态。虽然有卡车将农产品运往市场，村子里却很少见到畜力二轮车和四轮车。

很难说这种偏见是否真的意义重大，但很可能这是中东军队机动野战火炮的发展相当迟缓的一个因素，而他们在奥斯曼人统治时期就已发展出攻城火炮了。值得注意的是，与机动火炮的发展恰恰相反，畜力负载的火炮首先在中东发展起来，后来才被欧洲人用于山地炮台。1722 年一支阿富汗军队击败了一支大得多的波斯军队，就是利用一种骆驼背负的小型火炮，待

222

223

骆驼一蹲伏下来就可以开火[12]。这种驼载火炮的部队单位被称作 zambūrak（源于 zambūr "黄蜂"），波斯军队直到 19 世纪仍有这种单位。当然，这种火炮很小，但加上炮架就超过了 80 磅，一个法国人观察到 "它完美地取代了我们的轻火炮"。[13] 晚至 1838 年，波斯重炮军队的做法还是将金属原料用骆驼驮到战场，再就地铸造为攻城火炮。[14]

这里描述的态度都可追溯至骆驼对轮子的取代，事例不胜枚举。对一个成长于 20 世纪下半叶的美国人来说，难以理解轮式交通工具的缺乏对社会心理的全面影响，可能会忽视某些明显的因素。无论如何，前述态度因素足以显示，没有轮式车辆，对沉浸在无轮社会中的人的影响，与对来自有轮社会的外部观察者的影响，是完全不同的。对一个无轮社会的成员来说，这并不会带来异常感，无论什么态度都是无意识的。然而，对一个意识到这一点的外部观察者而言，无轮社会明显有些奇异，骆驼商队更像是一个浪漫的奇观，而非一种普通的交通方式。造成这些外部观察者奇异感觉的，并不是中东人和北非人对骆驼或车轮的感觉，而是环境中的某些物理差异。这些差异在无轮社会的成员看来寻常普通，但在外人看来却奇兀反常。

内外两种人对无轮社会的感知固有不言自明的区别，对此区别详加阐述，是因为通常在讨论西方人印象深刻的传统中东和

北非地区的某些物理现象时，人们会从观念角度而非物质层面
寻求解释。有两个很大程度上是轮子消失之产物的物理现象，
就属于这种情况。这两个引起西方人注意的物理现象，即特殊
的城镇地貌与没有马路。

224

任何试图描述中世纪中东和北非城市特征的人，都会讲到
那些狭窄的街巷、死角、公共道路之上堆砌拥挤的房屋，以及
让西方游客惊骇不已的迷宫般的街道布局。许多学者把这些都
归因于伊斯兰教，暗示这是伊斯兰城市的一个普遍特征。[15] 没
有人看见，这些其实是无轮社会的特征。

直线布局、宽度均匀的街道，设计相似、高度相仿的建筑
物，直到晚近才在西方思维中代表良好秩序与智慧设计。即使
是平时不太欣赏这种设计的人，在面对一个街道蜿蜒、窄巷繁复
的城市时，脑海中也会浮现一个形容词"东方的"(oriental)。[16]
肮脏、黑暗、拥挤被认为"东方的"城市不可避免的糟糕条件，
同时，西方城市的问题，如机动车带来的危险和宽阔街道对城
市的切割分离，却并不让他们在意。伊斯兰社会常常被描述为
背对街道，深藏于高墙后面的庭院里，躲在没有窗户的墙壁后
面，将死气沉沉的街道气氛和传染病拒之门外。这种社会里私
人生活优先于公共生活，而在许多人看来，伊斯兰教是欠缺公
共生活的。[17] 对更早几代的人来说，这种街道正是伊斯兰教不
健全的一个可见的明证。

　　这一整套对伊斯兰社会准则下诞生的"东方的"城市规划的理解，既是反逻辑的，也是反事实的。特定城市环境有一些是特意的规划，还有一些是无意识的、逐渐增扩而来的，许许多多因素共同参与了其形成与发展。宗教原则无疑是因素之一。然而，说到街道布局，最需要解释的是严格的抽象几何形式。某一特定形状或朝向的成因可能是宗教信仰、占星术、法律原则，甚或只是统治者的一时兴起，但无论出于何种动机，应该总是可以确定的。[18] 可是对于一个并非按照某种正规模式，而只是根据地形和建设者各自的偏好发展形成的城市，就没有确定性可言了。只有当有序被视为规范时，无序才需要解释。

　　既然西方观念中普遍以为规整的城市布局才是好的，不规整的就是坏的，那就不难理解人们总在为"东方的"城市规划寻找解释，尤其是因为大家都知道中东和北非的罗马城市本来都呈现为绝无例外的直线布局。[19] 然而，如果狭窄蜿蜒的街道本质上并没有什么不好，那么为这种所谓的不完美寻求解释的理由也就不复存在了。事实上，狭窄蜿蜒的街道有很多好处——容易适应地形变化；在炎热的国度可以提供荫凉；可以挡风；可以提高居住密度，从而使得大城市也适合步行；能促进社会关系；更易于防守。至于由没有窗户的外墙所包裹的封闭式庭院——由于形成了隐蔽的开放空间，许多家庭事务都可以在这个空间内完成，这在温暖气候区是相当不错的；水资源的消耗也因此处于精心管理之下，非常适合干旱环境。当然，私密性是存在的，但在北非那种典型的围绕大庭院所建的出租房里，是否有那么多的家庭私密，还很值得怀疑。最后，关于这种特点的街道的社交功能，可借鉴图尔诺（Roger Le Tourneau）对摩洛哥菲斯（Fez）城的里程碑式研究。据他观察，街道通常是社区的中心，社区间的分界线沿着房屋的后墙延展。[20] 与此形成对比的是，美国的居民社区常以街道为界，社区居民对同一侧邻居的熟悉要多于街对面的邻居。

既然从罗马的直线到中世纪的无序并非内在地不好，那么寻求道德和意识形态解释的必要性就消解了，从而开放给了更现实的物理性解释。今日城市人毫不陌生的轮式车辆，赋予城市生活以很不灵活的限制性条件。街道必须平坦，不能有台阶和陡坡，而且最好是铺砌的。只要不打算阻断交通，街道必须维护如常。街道宽度至少要能容一个轮轴，如果要避免居民们无休止的抱怨的话，最好是两个。拐角不能太急也不能太窄，要让车辆可以操控，更要避免出现死胡同。街道不能容忍任何挤占，无论是建筑物还是兜售货物的商人。所有这些麻烦之外，还有更大的问题：轮式车辆带来了噪音和危险。

因为轮子消失了，北非和中东的城市不必穿这件"车辆紧身衣"（vehicular straitjacket），很自然地，这些城市逐渐发展出更适用的街道类型和布局。由于只供行人和驮畜来往，街道可以变成露天集市，也可以是通向住宅的狭窄死胡同。由于观念上不存在对街道宽度和拐角角度的强制标准，要保障的就是街道可以通行而已。毋庸赘言，这跟观念上强制而成的无序是完全不同的。的确，有时伊斯兰统治者会颁布明确的诏令，或修大道，或建广场；[21] 但规划并不是规则，因为没有轮式车辆，规划的必要性可以忽略不计。晚至 1845 年，开罗一条新主街宽度，还是通过测量并排而立的两峰驮货骆驼的宽度来确定。[22]

伊斯兰教的到来并未破坏先前的城市规划，可以安条克（Antioch）和赫拉特（Heart）为例，它们至今保存着又长又直的大道，其源头可追溯到前伊斯兰时期。[23] 13 世纪亚历山大港的布局仍被描述为如棋盘一般。[24] 但是，因为兴起于刚刚放弃车轮的社会，伊斯兰教也就没有吸收那种偏好轮式交通的观念偏见。无轮地区的城市从几何线条设计转变到有机组织演化，便是一个自然的后果。在这个区域之外，出现了同样伊斯兰的——或者说同样非伊斯兰的城市模式。印度尼西亚的城市由分散的、像村庄一样的甘榜（Kampong）组成，印度斋浦尔城精的直线设计[25]，以及南阿拉伯引人注目的"摩天大楼"城市，说明伊斯兰城市设计的多样性，证明伊斯兰教原则并非城市规划的指导思想，而弃用轮子才是解释中东和北非城市特征的最好理由。

骆驼对轮式经济的确切影响，又可见于道路。在此重要的不是哪些道路被使用了。在骆驼取代车轮之前，中东沙漠的商队小道就已使用了多个世纪。在北非，无论是否对轮式运输造成影响，骆驼都是撒哈拉商路上最常见的运输手段。在中亚，骆驼在商队贸易中占主导地位，尽管车辆也没有被放弃，而仍在农业地区使用，或被游牧人迁徙时用于搬运财物、用作移动房屋。重要的并不是对道路的选择，而是这些道路实际的物理状态。

　　骆驼、驴和行人不需要铺砌的道路。因为车轮消失的整个区域一年大部分时间是干燥气候，那么直接走在土路上是更为舒适的。此外，不需要移除路上的自然障碍物如大石头之类，也不必保持道路的常规宽度，路上的坑坑洼洼也用不着填平。道路的维修费用和建筑费用都可忽略不计。无车经济里，路上最重要的设施是桥梁，在渡口或浅滩造一座桥可以极大地方便交通并降低成本。桥梁之外最重要的设施是客栈。商队的常规行程一般每天不超过 20 英里，优良商路会在商队每日旅程的终点都提供一个歇脚地，要么是城镇，要么是村庄，要么是商队客栈（caravanserai）。除了桥梁和商队客栈很费钱，道路的物理维护都是小意思。

　　伊斯兰中东的历史充斥着大量这类现象。几乎看不到涉及道路维护的材料，但强大的王朝经常通过修建桥梁和商队客栈来标举他们促进贸易的兴趣。[26] 在无轮社会中，这两种投资的

228

功能等同于修建道路。根本不必为忽视公共道路建设寻求观念上的解释，事实上不存在这样一种忽视。中东政府投资桥梁和商栈而不是搞毫无用处的道路铺筑及其升级（工程），可完全是理性的。

就道路而言，和中世纪城市布局面临现代汽车交通时的情况一样，无轮社会中合理而令人向往的东西，在现代轮式经济中却被证明是极不可取的。在欧洲，道路的改善和车辆设计的进步是齐头并进的。由非单一牲畜牵引意味着重型车辆的载重量大大增加，远远超过单一驮运骆驼四分之一吨的载负极限，但车辆的效率只在笔直、平整和铺筑路面的道路上才能充分实现。因此，欧洲工业革命时代的基础设施中可通车道路的数量，远远超过进入 20 世纪时的中东。[27] 当然，作为现代化的先决条件，几乎所有非西方国家都面临建设适合现代机动车的公路网络的问题，许多地区比中东面临更大的物质阻碍，因为中东气候干燥、缺少森林、河流较少。严格从中东的角度来看，如果不是因为骆驼主导交通加上没有轮式车辆这两者的影响，该地区在进入现代化之初会拥有一个更好的交通系统。考虑到运输在工业化进程，包括生产集中和产品分配这两方面的关键作用，道路缺陷的后果是非常严重的。

态度因素也好，物理因素也好，前述轮子消失的影响与后果暗示了一个应详加阐明的规律。这个规律就是，技术与经济

状况才是决定人们态度与行为的主要因素，至少在交通运输领
域是如此。与此规律相对立的观点，我们在讨论城市布局时已
有所列举，按照这种观点，阿拉伯人，甚或所有的穆斯林，他
们所到之处，都要把周遭打造成某种类型的世界；运输经济要
么被视为亲骆驼偏见的一种积极呈现，要么被视为由于不关心
公共设施如道路和城市秩序而带来的消极的物理后果。显而易
见的是，我不赞成这种取径。不过，两种针锋相对的观点都应
接受检验，以免依赖历史学家的个人偏好。检验的办法是观察
边缘地区的运输经济，因为在边缘地区骆驼和骆驼牧养人都会
面临这样那样的条件限制。我们简略考察三个地区：西班牙、
安纳托利亚和印度。

　　穆斯林占领下的西班牙似乎从来就不曾有过大量骆驼。阿
拉伯军队在征服北非后继续推进，终于越过了直布罗陀海峡，
但他们并未成为重要的部落迁徙的先锋。直到300年后的11世
纪，才有相当数量的阿拉伯骆驼牧养人进入今阿尔及利亚和摩
洛哥一带。771年跟随阿拉伯人征服西班牙的柏柏尔人军队也并
非出自牧养骆驼的部落。北非的骆驼区是在地中海南岸山脉以
南，而阿拉伯人早期的同盟者来自沿海。故而，伊斯兰统治西
班牙的前四个世纪中，提到骆驼的少量文献并不是大批驼群出
现在欧洲的证据，说的只是为运送军资或其他特殊目的而渡过
直布罗陀海峡的那数量有限的骆驼[28]。第一批到达西班牙的真正

的骆驼牧养人是来自毛里塔尼亚的柏柏尔桑哈贾（Sanhaja）人，他们在 1090 年穆拉比德人（Almolavids）从摩洛哥入侵西班牙时抵达。随着他们的到来，骆驼在诸多文献中出现得就多了。[29] 但是穆拉比德人的权势为期较短，对西班牙的控制不到 50 年就松弛了，到 1170 年即被穆瓦希德（Almohads）家族取代。这个新的柏柏尔人王朝来自山区，本不是骆驼牧养人。因此，骆驼牧养人缺乏足够的时间争得经济领域的一席之地，而因为缺少一个对牧养骆驼感兴趣的社会团体，骆驼就没机会形成大规模的畜群。阿拉伯人和柏柏尔人对骆驼的利用只依赖骆驼牧养人，此外并无其他家畜管理的方式。

230

尽管征服前后骆驼的数量都不足以构成对轮式运输的有力竞争，然而，在穆斯林统治的前几个世纪里，文献中却从来没有提及过西班牙的任何轮式交通工具。[30] 一个可能的解释是，穆斯林侵略者对车轮怀有偏见，认为车轮也许是被征服者的一个特征，因此直接或间接地压制了车轮的使用。如果这一解释能够成立，那么本书关于车轮消失主要源于骆驼竞争的论点将大成问题。

好在，另有一种更具有说服力的解释。据此解释，即使在征服之前，西班牙也没有太多的轮式交通工具，因而阿拉伯文献不加记录并不奇怪。罗马时代的西班牙当然有轮子，因为那是罗马人日常生活的一个部分，也是伊比利亚凯尔特人和前罗马迦太基殖民者生活的一部分。[31] 然而，汪达尔人、阿兰人、苏维人和西哥特人的接连入侵使西班牙的经济生活严重衰落，道路质量随之下降。直到穆斯林征服时，一切尚未恢复，很可能这正是轮式交通的低谷期。[32] 于是，初到西班牙的穆斯林毫无适应轮式车辆的需要，反正他们本就不熟悉这种东西；同样他们也没有恢复道路系统的动机，因为他们的驮畜，主要是当地的骡子，并不要求太好的路况。[33] 其结果，当地人对车辆的使用也就进一步衰落了。

　　车轮在穆斯林西班牙似乎也不可能完全消失。10 世纪说西班牙语的本地人，无论是基督徒还是穆斯林，都有使用马车的史料记录[34]，轭具技术的词汇表也显示西班牙、西西里和突尼斯存在着交通运输的连续性发展。[35] 准确地说，穆斯林西班牙的交通运输经济在随罗马帝国的衰亡而衰退之后，恢复异常缓慢。由于骆驼从来不是一个问题，没有什么可以阻止车轮的逐渐回归，而回归的过程也不靠来自非穆斯林地区的技术。无论如何，穆斯林统治的最初几个世纪里轮式交通工具的缺失，的确留下了痕迹，比如城市布局偏向无车交通，人们倾向走直插谷地的捷径，而不是走里程长但更利于轮式车辆通行的山脊道路。[36]

　　西班牙既没轮子也没骆驼，当然随着时间的推移车轮会缓慢回归。安纳托利亚却相反，轮子与骆驼和平共存。这一现象

231

似乎与我们前述有关骆驼具有绝对竞争优势的假说相矛盾，对此的解释涉及诸多因素，最重要的是，安纳托利亚直到 1071 年曼齐克特（Manzikert）之战后才进入伊斯兰世界，而且占领者是突厥人而非阿拉伯部落民。这个事实的重要性在于，安纳托利亚的骆驼牧养由一个对骆驼并无特别关注的人群所掌控，而他们在中亚故乡时就习惯了把骆驼与车辆并用。最能体现突厥特性和突厥文化影响的，是传统安纳托利亚骆驼文化中的斗骆驼传统——让两峰发情的雄驼角斗。[37]

气候无疑也是一个因素。8 世纪的贾希兹就清楚地说，阿拉伯骆驼不能在安纳托利亚生活。[38]不过亚述时代那里就有双峰驼了，而且根据图拉真时期的一枚钱币来判断，罗马时代的安纳托利亚也一样。[39]到 4 世纪时，文献描述驮货骆驼出现在安纳托利亚西部的景象，也就完全可以理解了。[40]尽管找不到伊朗的证据，但必须假定，把单峰驼与双峰驼杂交的做法早在伊斯兰征服之前就已到达安纳托利亚。否则，贾希兹这么说就难以理解了："骆驼所有者喜欢用……安纳托利亚人来把骆驼……令人惊讶的是，安纳托利亚人在沙漠里跟骆驼处得很不错，尽管进入安纳托利亚几乎就相当于（骆驼的）毁灭。"[41]很清楚的是，骆驼所有者由于杂交驼贸易而想要扩张到安纳托利亚，因为他们自己的单峰驼受不了那里的气候。至于安纳托利亚本地人，他们对骆驼明显所知不多。

历史地看，骆驼所有者看好在安纳托利亚发展业务是完全有道理的。在被土耳其人征服之后，安纳托利亚与叙利亚北部的骆驼牧养国的经济接触大大增加。而且，土耳其人带来了一定数量的可用以繁殖的双峰驼[42]，这导致了土库曼骆驼的出现，这种杂交驼是安纳托利亚特有的骆驼。[43]19 世纪初期，从叙利亚和阿拉伯引入安纳托利亚的单峰驼每年有 8000—10000峰，一战时仍保持在 7000—8000 峰。[44]另有材料显示从叙利亚和阿拉伯卖到埃及的骆驼每年有 3.2 万峰，说明安纳托利亚的骆驼贸易已达埃及的四分之一，这是阿拉伯的骆驼牧养人所不能忽视的。[45]然而，所有材料都表明安纳托利亚仅有少量的雄性双峰驼可用作配种，可见两种骆驼主要还是依靠从外面引进。只能得出这样的结论，安纳托利亚骆驼是比较昂贵的。

当前安纳托利亚的牛车分布似乎也证实了骆驼未能取代车轮的重要原因：骆驼成本高昂，缺少足够数量、致力于繁殖骆驼的骆驼游牧人。牛车最多的地区，正是最难从叙利亚获得骆驼的地区。叙利亚北部拜占庭与穆斯林的边境在 10 世纪时是使用马车的，后来为骆驼所取代。[46]但在安纳托利亚北部和东部，骆驼还是非常少，随处可见的是牛车。[47]再往东，骆驼的数量一直都不是很多，直至伊朗的阿塞拜疆高原情况才开始改变，因为那里是骆驼的牧养区，牛车反而不多见了。在安纳托利亚，骆驼相对于该地原始牛车的优势因高昂的价格而被抵消[48]，结果，骆驼的竞争力却只体现在邻近骆驼繁殖地的地方，以及主要的商队路线上，因为商路上运送的高价值商品抵销了骆驼的高成本。在别的地方，包括奥斯曼帝国的欧洲省份，牛车占据统治地位。那些欧洲省份因远离叙利亚，引进新繁殖骆驼的难度很大，结果就是基本见不到骆驼，除非是在战争时期的军队辎重队里，可以看到一些与二轮车和四轮车混在一起的、来自安纳托利亚和叙利亚的驮载骆驼。[49]

骆驼与轮式车辆并存所带来的后果，可见于前面为揭示轮子消失的影响而考察过的几个地区。奥斯曼细密画中精确描绘了车辆。[50] 奥斯曼军队普遍使用畜力二轮车和四轮车，奥斯曼人显然不存在反轮式车辆的偏见。1453 年征服君士坦丁堡后，穆罕默德苏丹（Sultan Mehmet）下令修复通往君士坦丁堡的道路和桥梁。[51] 巴格达与大马士革的穆斯林统治者们从未显露过类似的修路念头。要充分理解有轮社会和无轮社会之间的差别，可以比较摩洛哥的菲斯与安纳托利亚的凯塞里（Kayseri）这两个城市的风貌。"东方的"城市的一些共通特点，如迷宫般难以穿透的街道，出现在菲斯是正常的，但在凯塞里和安纳托利亚其他城市就显得突兀怪异。诚然，绝大多数安纳托利亚城市主要是继承了拜占庭和前拜占庭时代，不过跟同样古老的叙利亚城市如阿勒颇相比，它们经历的"东方化"也少得多。[52]

最后说说印度。第七章已讨论了骆驼在印度的情况，这里只需要重复一句，骆驼在印度河以东从未取代轮子，是因为那里给骆驼套上挽具用来拉车。这当然不是说骆驼在印度就不用作驮畜，而只是说，牛车和驮运骆驼之间的竞争因为骆驼车而消解了。于是，伊斯兰印度没有成为一个无轮社会，而且伊斯兰印度的城市也没有吸收"东方的"城市的模式。[53]

　　总起来说，伊斯兰时代的西班牙、安纳托利亚和印度的例子表明，决定某一特定地区的运输经济模式的，主要是经济和技术因素，它们远比意识形态与宗教因素重要，而运输经济对社会其他层面的影响也一样，这种影响之深之大，甚至看起来会让人归因于意识形态和宗教这些似是而非的因素。经典的例子就是，那些经常被归类为"穆斯林的"和"东方的"的城市设计模式，其实可以用无轮社会的特质来更好地加以解释，用不着扯到伊斯兰法和神学上。由是而言，弃用轮子，即便在当时是一个进步而不是退步，对北非和中东社会也的确造成了重大和多样的影响，深刻影响了外部世界对该社会的认知，以及该社会到了 19 和 20 世纪面对变革压力时的适应能力。

注释

1. Hans E. Wulf, *The Traditional Crafts of Persia* (Cambridge, Mass.: MIT Press, 1966) 详细描述了各种轮式系统在传统中东社会中的应用。

2. *Encyclopaedia Britannica*, 11th ed., V, 103.

3. 近年一般性骆驼研究仅有的一篇阿拉伯语文章是Jibra'il Jabbur的 "Al-Jamal: Rukn min Arkān al Badāwa," *Kitāb al-ᶜId* (Beirut: American University of Beirut, 1967) pp.1-28。

4. 有关这个话题的敏感性，恰当的例子是一篇刊登在*Le Revue du Liban* (August 4, 1973, p. 21)上的文章所讲的故事：一个生活在贝鲁特的西方人被要求送给在加拿大的朋友一张骆驼照片，还写上一句话，说他在贝鲁特就靠这个上下班。照片连同这句话刊登在一个杂志上，贝鲁特人见到后，视之为一种典型的无聊和羞辱性宣传。感谢Leila Fawaz夫人让我注意到了这篇文章。

5. 关于歌颂骆驼的诗歌，参见Nicolaisen, *Ecology and culture*, p. 106; J. von Hammer-Purgstall, "Das Kamel," *Denkschriften der kaiserlichen Akademie der Wissenschaften, Philosophisch-historiche Classe*, 6 (Vienna, 1855), pp. 73-83; I. M. Lewis and B. W. Andrzejewski, *Somali Poetry: An Introduction* (Oxford: Clarendon Press, 1964), 特别是第19号诗歌。反映骆驼在阿拉伯人宗教中的诗歌，参见Hammer-Purgstall, pp. 46-48, 以及M. Gaudefroy-Demombynes, "Camel—in Arabia," *Encyclopaedia of Religion and Ethics*, pp. 173-174。

6. Jean-Paul Roux, "Le Chameau en Asie Centrale," *Central Asiatic Journal,* 5 (1959-60), pp. 71-72.

7. Hammer-Purgstall列举了已知关于骆驼的阿拉伯语作品， "Das Kamel," pp. 1-2。

8. Hammer-Purgstall惊讶地发现，在贾希兹的作品中，竟然没有任何一个章节是关于骆驼的。 "Das Kamel," p. 2.

9. E. G. Browne, *A literary History of Persia* (Cambridge, Eng.: Cambridge

University Press, 1956) I, p. 332.

10. Reynold A. Nicholson, *A literary History of the Arabs* (Cambridge, Eng.: Cambridge University Press, 1956), p. 286.

11. 参见图片*Asia*, XXIII, 830; XXV, 569。

12. F. Colombari, *Les Zemboureks: Artillerie de campagne à dromadaire dans l'armée persane* (Paris, 1853), 收录于L. Voinot, *L'Artillerie à dos de chameau* (Paris: Berger-Leorault, 1910), pp. 62-70。Voinot在讨论驼载火炮历史时，简述了在撒哈拉地区骡载火炮向驼载火炮的转变。意大利在其非洲殖民地也组织了驼载火炮军。Vitale, *Il cammello ed i reparti cammellati*, 照片见该书第六章。

13. A. Dareste, "Rapport sur l'introduction projetée du dromadaire au Brésil," *Bulletin de la Société Impériale Zoologique d'Acclimatation*, 4 (1857), p. 70. 布克哈特称赞了这些武器，这些武器在伊拉克和叙利亚等地区也曾使用，见*Bedouins and Wahābys*, p. 267。

14. Dareste, "Rapport," pp. 68-69.

15. 例如Xavier de Planhol, *The World of Islam* (Ithaca: Cornell University Press, 1959), pp. 14-22。他想说的是，因街道笔直，麦加看上去不像是一个伊斯兰城市（22页）。

16. Lewis Mumford, *The City in History* (Harmondsworth: Penguin Books, 1966), p. 192描述了5世纪雅典的情况。一位19世纪的英国女旅行者这样描写开罗："只剩下几条窄巷子和几座老房子……在那里，你仍然可以梦想《一千零一夜》是真实的。"Norman Daniel, *Islam, Europe and Empire* (Edinburgh: Edinburgh University Press, 1966), p. 50.

17. Planhol, *The World of Islam*, pp. 7-8.

18. 关于特定城市理性规划的广泛而深入的图示分析，参见Sibyl Moholy-

Nagy, *Matrix of Man* (New York: Praeger, 1968)。

19. 例如提姆加德（Timgad）和奎库尔（Cuicul）的古罗马城市规划，见Charles-André Julien, *Histoire de l'Afrique du Nord*, I, pp. 168-169。

20. Roger Le Tourneau, *Fès avant le protectorat* (Casablanca 1949), p. 229.

21. 巴格达是圆形城市，见K. A. C. Creswell, *A Short Account of Early Muslim Architecture* (Harmondsworth: Penguin Books, 1958), pp. 164-170；萨马拉是以一条大街为中轴线的城市，见J. M. Rogers, "Sāmarrā: A Study in Medieval Town-planning," *The Islamic City*, eds. A. H. Hourani and S. M. Stern (Oxford: Bruno Cassirer, 1970), pp, 119-155。

22. Marcel Clerget, *Le Caire, étude de géographie urbaine et d'histoire économique* (Paris: Paul Geuthner, 1934), I, p. 289.

23. 比较罗马和伊斯兰时期的安条克地图，见Glanville Downey, *Ancient Antioch* (Princeton: Princeton University Press, 1963), pls. 4-5；关于赫拉特南北大道与东西大道十字交叉的地图，见Alexandre Lézine, "Héret: Notes de Voyage," *Bulletin d'Études Orientales*, 18 (1963-64), fig. 1。

24. Yāqūt, *Mu'jam al-Buldān*, I, p. 186.

25. Moholy-Nagy, *Matrix of Man*, fig. 170.

26. 波斯的异教徒Bihāfrīd是对道路维护感兴趣的少数几个人之一，749年在伊朗的东北部被处死。事实上，维护道路是他被人铭记的治国方略之一。E. G. Browne, *Literary History*, I, pp. 308-310.

27. 伊朗可通车道路的总里程直到1914年还非常有限，见Issawi, ed., *The Economic History of Iran*, 1800-1914, pp. 203-204。

28. E. Lévi-Provençal, *Historie de l'Espagne musulmane* (Paris: G. P. Maisonneuve, 1950-1953), I, p. 284; III, pp. 97, 286.

29. Lévi-Provençal, *L'Espagne musulmane*, III, p. 286.

30. Lévi-Provençal, *L'Espagne musulmane*, III, p. 98.

31. 拉丁文把凯尔特人的马车写作*essedum*，不清楚这个词在西班牙使用得是不是很普遍。

32. 高卢也同样经历了轮式交通的衰退，直到卡洛林王朝时代为止。Tarr, *The Carriage*, pp. 156-160.

33. Lévi-Provençal, *L'Espagne musulmane*, III, pp. 285-286.

34. Lévi-Provençal, *L'Espagne musulmane*, III, p. 98.

35. 参见第七章。

36. Lévi-Provençal, *L'Espagne musulmane*, III, pp. 319-320.

37. 斗骆驼在土耳其是一种一年一度的娱乐性运动，就是骆驼互相以长颈攻击，直到把对手压倒在地上。斗骆驼是伊斯兰艺术的一个主题（例如，Ernst J. Grube, *Muslim Miniature Painting*, Venice: Neri Pozza, 1962, pl. 59），但应该注意这反映了突厥文化的影响，在阿拉伯、柏柏尔和索马里的部落中并不流行。

38. Al-Jāhiz, *al-Hayawan*, III, 434; VII, 135.

39. 这种钱币在美国钱币学会（American Numismatic Society）藏有一枚，还有一枚的图版见于Otto Keller与 Friedrich Imhoof-Blumer, *Tier-und-Pflanzenbilder auf Münzen und Gemmen* (Leipzig: Teubner, 1889), pl. II, #32。

40. Eunapius, *Lives of the Philosophers*, in *Philostratus and Eunapius*, tr. W. C. Wright (London: William Heinemann, 1922), p. 419. Eunapius(346—414)生活在萨迪斯，就我们目前所知并未去过中东地区。感谢Clive Foss博士为我提供了这条材料。

41. Al-Jāhiz, *al-Hayawan*, III, 434; 布罗代尔（Fernand Braudel）错误

地将阿拉伯人未能侵入安纳托利亚归因于他以为的单峰驼的劣势。*The Mediterranean and the Mediterranean World in the Age of Philip II*（London: Collins, 1972）, I, 96.

42. 双峰驼在突厥人畜群里的广泛存在难以量化统计，但12世纪后波斯艺术中双峰驼的呈现确有显著增长。特别是萨珊皇帝巴赫拉姆·古尔（Bahram Gur）和坐在他后面的女奴骑乘骆驼，这个主题中所骑的动物经历了一些变化。Pope, *Survey of Persian Art,* V, pls. 664, 679. 最值得注意的是，伊斯兰艺术中更早的双峰驼出现于萨马拉的一个栏板浮雕上，似乎是受到了波斯波利斯浮雕中的进贡代表团形象的影响。Ernst Herzfeld, *Die Malereien Von Samarra,* vol. III of *Die Ausgrabungen von Samarra* (Berlin: Dietrich Reimer, Ernst Vohsen, 1927), pp. 100-105, pls. LXXV-LXXXVIII.

43. Alexander Russell，*Natural History of Allepo*（London：1794），pp. 167,169；L. A. O. de Corancez, *Itinéraire d'une partie peu connue de l'Asie Mineure* (Paris: J. M. Ebeherard, 1816), pp. 79-80; Burkhardt, *Bedouins and Wahābys,* p. 110.

44. Burkhardt, *Bedouins and Wahābys,* p. 257; Admiralty War Staff, *Intelligence Division, A Handbook of Arabia* (1916), II, pp. 19-20.

45. *A Handbook of Arabia,* II, pp. 19-20.

46. Masᶜūdī, *Murūj adh-Dhahab* (Beirut: Publications of Lebanese University, 1966), II, p. 124.

47. 穿过土耳其边境进入伊朗，明显可注意到的变化是从牛车国家到了骆驼国家。不过，牛车在伊朗、阿塞拜疆的农村也是存在的。Wulff, *Traditional Crafts,* figs. 131, 378, 388. 从族群意义上说，边界两边的人都是突厥人。

48. 虽说突厥人在中亚时就已使用轮式车辆，安纳托利亚的牛车是比突厥人的*araba*更原始的车辆，名曰*kağni,* 与此相关的技术词汇，与其说源自突厥人，不如说源自拜占庭。Speros Vryonis, *The Decline of Medieval Hellenism in Asia Minor* (Berkeley: University of California Press, 1971), p. 476.

49. V. J. Parry, "Harb—Ottoman Empire," *Encyclopaedia of Islam*, new ed., III, 191-192. 一般来讲，色雷斯以外的奥斯曼欧洲省份是没有骆驼的。Corancez, *Itinéraire*, pp. 80-81.

50. 例子参见Emel Esin, *Turkish Miniature Painting* (Rutland, Vt. : Charles E. Tuttle, 1960), pls. 10-11。

51. Halil İnalcık, "The Rise of the Ottoman Empire," *The Cambridge History of Islam* (Cambridge, Eng.: Cambridge University Press, 1970), I, p. 307.

52. 对罗马帝国的城市向"东方的"城市的阶段性演进，最好的研究是Jean Sauvaget, *Alep* (Paris: Geuthner, 1941)。

53. 伊斯兰印度的城市还没有被系统研究，但涉及传统印度城市规划概念的，可见Binode Behari Dutt, *Town Planning in Ancient India* (Calcutta: Thacker, Spink, 1925)。

如果骆驼是一个这么好的主意……

如前所述，骆驼与轮子的故事到 20 世纪上演了大反转的最后一幕，轮子取代了骆驼，而非骆驼取代轮子。不过剧终之前，本章得先跑一下题，既为了进一步阐明某些前面已经触及的问题，也为了方便那些从未接触骆驼的读者能更直观地观察作为一个经济事项的全部骆驼问题。这个跑题要讨论的是，欧美人为了使骆驼能够为己所用，多次尝试把他们带到世界各地以适应不同环境。那么问题就来了：如果骆驼是一个这么好的主意，为什么它们没能成为一种普世性存在？

西方人的骆驼实验仅有为数不多的结果持续下来，或许唯一重要的成果是在澳大利亚，那些恢复野性的骆驼是至今还为害澳大利亚的由西方人引入的动物之一。他们的尝试甚多，值得注意的是这些尝试的性质及尝试者的思维。不算动物园和马戏团，西方人基本上是尝试把骆驼用于军事运输和一般劳动。[1]

西方人不大利用骆驼制品，如肉、奶和纤维等，尽管驼毛也用于生产某些以驼毛命名的纺织物，而在优质橡胶产品发展出来前，经中国从中亚进口的驼毛是制作工业传送带最有名的原材料。[2] 不过，这种有限利用并不奇怪。除了牧养骆驼的部落民自己的家庭经济，即便在多个世纪来一直有骆驼的那些国家，也甚少广泛使用骆驼制品。

当然，欧美人把骆驼视为一种有用的军事或运输动物是完全可以理解的。几乎所有深入骆驼区的旅行者都注意到这种动物的长处，其中有好些也盘算将骆驼引入自己国家的可能性。[3] 甚至还有人试图提高中东本地的骆驼技术，比如，孟加拉的英国殖民者计划在亚历山大与苏伊士之间引入无疑是印度风格的骆驼车，这条线路上原本有不少驮货的骆驼旅队。[4] 无论是被英国人还是别的什么人引入，19 世纪晚期的埃及确实有一些骆驼被用作挽畜。[5] 那时的实验者和以后可能的实验者们，并非没有看到一个事实，即从经济角度看，骆驼难以同铁路竞争，也很难在有优质道路的欧洲国家与轮式车辆竞争。[6] 可是他们看到，即使最发达的国家，在其偏远隔绝的地方也可以使用骆驼，而在殖民地使用骆驼的潜力和前景更令他们振奋鼓舞。

对骆驼的兴趣在 19 世纪中叶达到了高峰，必须注意其时代背景：为科学精神及与非西方国家日益增多的接触所刺激，一场广泛扩散的、推动各种动植物适应欧洲及其殖民地环境的运

239

动诞生了。这场运动的领袖之一，法国动物学家伊西多尔·圣伊莱尔（Isidore Geoffroy Saint-Hilaire）相信可在法国将牦牛和部分大型非洲羚羊当作肉畜饲养，他还高度期待在比利牛斯山区引入美洲驼与羊驼，以提供肉及高质量毛绒。[7] 尽管法国本土使用骆驼的情况达不到他的预期，但人们对在法属殖民地推广骆驼的热情还是很高的。就个人而言，圣伊莱尔的亲骆驼态度可能基于他父亲曾以动物学家的身份跟随拿破仑远征埃及，不过，当圣伊莱尔写下这句话时，应该处在完全冷静的状态下：

240

"即使上述作用是有限的，（骆驼）也是阿尔及利亚向法兰西祖国献上的一份美丽礼物。"[8]

不能小看圣伊莱尔的热情，1854 年法兰西帝国动物驯化学会（Société Impériale Zoologique d'Acclimatation）的成立，他的功劳不小。这个学会非常活跃，其出版物有大量信息涉及移植骆驼及其他动物的尝试。圣伊莱尔还是推广马肉的先锋，向农民和劳工提供廉价马肉的这场运动，使法国成为一个普遍食用马肉的国家，而法国迟至 1861 年时全国都没有一个马肉屠夫，每年成吨的马肉被用来喂猪狗或干脆当垃圾处理掉。[9] 这就是那个时代实用动物学的科学精神。

将骆驼引入新地域的尝试多得不胜枚举，且一直在持续。骆驼并非北非原生动物这一事实在 19 世纪已广为人知，这被用作骆驼可以在新地区兴旺发达的证据。[10] 但人们很少意识到，在北非，正如在时代不同的索马里和印度，骆驼引入时必须有足够的人力资源保证移植成功。大体而言，即便不是有意，因未能善待那些全身心致力于骆驼繁育的人，移植骆驼的努力都失败了。

欧洲有两种与骆驼打交道的经历。在出于经济目的而考虑引进骆驼的许多个世纪之前，骆驼作为自东方迁徙而来的部落民畜群的一分子已抵达欧洲。前已提及，考古学证据显示双峰驼从土库曼斯坦向西扩散至俄罗斯草原，而且，如果捷克斯洛伐克一具制作于公元前第一千年的、颈项如鹤的小雕像本是要表达骆驼的话，则说明骆驼的迁徙可能向西走得更远。[11] 在欧洲东部边缘地带，至少有少量的骆驼为西哥特人和其他日耳曼部落拥有，并被他们带着西迁。君士坦丁堡的阿卡狄乌斯柱（the column of Arcadius）常被当作日耳曼人牧养骆驼的证据，但这有点可疑，因为柱上残存的画面显示这些骆驼有着阿拉伯式的驼鞍与缰绳。[12] 它们更可能是拜占庭大军辎重队的一部分。不过，哥特语中确实有一个明显不是借自其他语言的单词指骆驼。[13] 可能瑞士温多尼萨（Vindonissa）罗马遗址的骆驼骨骼也能溯源至日耳曼人。[14]

在稍晚的法国墨洛温王朝，骆驼仍为人们所知。传说国王克洛泰尔二世（Clotaire Ⅱ，卒于 629 年）在处决他的伯母布伦希尔德王后（queen Brunehaut）之前，让她骑在骆驼上，走在军队的前面游行。[15] 法国东部的民间歌谣里也显示人们很早就接触到骆驼了。[16] 那之后不久，骆驼就从欧洲史料里消失了。1121 年，一份孤立的报告提到波兰有骆驼，暗示可能是使用骆驼拉车[17]，但此外就再没有材料涉及欧洲古代或近代的骆驼使用了。

随着入侵的日耳曼部落进入欧洲的双峰驼，数量微小到不能支撑该物种的繁衍，可能是因为对拥有骆驼的那些部落来说，它们并不重要，也可能是因为气候。此后西欧（除了穆斯林西班牙）引进骆驼的所有尝试都属畜牧业试验性质。其中第一次试验并非发生在欧洲，只能算是概念意义上的欧洲试验，但它是所有欧洲试验最持久、最成功的。1402 年，一位名叫让·德·贝当古（Jean de Béthencourt）的冒险家抵押自己在诺曼底的庄园，带着所得资金和之后来自卡斯蒂利亚国王恩里克三世（King Henry III of Castile）的资助，征服了非洲西海岸外的加那利群岛。在 1406 年永久离开加那利群岛回诺曼底享受新获得的国王头衔及其可能的好处之前，贝当古在岛上建立了一个法国人殖民点，并从摩洛哥引进了骆驼。[18] 引进完全成功，可能是因为加那利岛民对饲养骆驼感兴趣，之后他们将加那利骆驼作为一种原材料进行了多次本土化尝试。

进行下一个试验的是斐迪南二世·德·美第奇（Ferdinand II de Medici），他于 17 世纪 20 至 70 年代统治着托斯卡纳，是这

个佛罗伦萨望族晚期的最后几位成员之一。[19] 虽然斐迪南被人 242
铭记主要是因为他允许年迈的老师伽利略被教皇手下带走，并
导致伽利略被迫宣布放弃其"异端"学说，不过斐迪南还在邻
近比萨的圣罗索雷（San Rossore）创设了一个骆驼牧场，该牧
场一直延续到二战时，那时所有存栏骆驼都变成了驼肉。[20] 多
数记录把这一骆驼群形成的时间含糊地说成 17 世纪中叶，但
一份显然可靠的史料明确地说这些动物是 1622 年引进自突尼斯
的。斐迪南二世那时只有 12 岁，控制国家的是他性喜奢靡的祖
母克里斯蒂娜女大公（the Grand Duchess Christine）和母亲玛利
亚·马达莱娜女大公（the Grand Duchess Maria Maddalena）。因
而，难以界定这是一次引进新物种的严肃尝试，还是仅仅受同
一年在佛罗伦萨展出的一峰骆驼激发而起的奢侈之举。

　　那之后，托斯卡纳宫廷对圣罗索雷骆驼群的兴趣迅速衰
减，至 18 世纪早期只剩下 6 峰骆驼。不过后来更多的骆驼自非
洲引进，1789 年增至 196 峰。1814 年，16 峰骆驼从圣罗索雷送
往那不勒斯以建立一个新的骆驼群。出于同样的目的，1820 年
2 峰骆驼被赠给奥地利皇帝。1830 年，法国政府对在法国某些
地区引入圣罗索雷骆驼的项目产生了兴趣，但终未实现。

　　正如本书前已述及，穆斯林统治时期骆驼从未在西班牙深
深扎根，但骆驼在西班牙南部、邻近瓜达尔基维尔(Guadalquivir)
河口的韦尔瓦（Huelva）省使用量甚大，其历史也许可以追溯

到阿拉伯人的时代。[21] 此外，加泰罗尼亚司令官 1831 年将 30 峰骆驼带至巴塞罗那，这个试验最终以骆驼死亡而告终。另外，一群加那利骆驼自 1786 年起被养在阿兰胡埃斯（Aranjuez）的王室庄园，直至西班牙内战。这批骆驼到 19 世纪中叶有 20 峰。

243

后来欧洲使用骆驼的尝试发生在 19 世纪晚期的波兰和俄罗斯。[22] 但不同于西欧，这些试验的灵感来自中亚牧养双峰驼的模式，在这种模式之下，骆驼主要用于犁地和拉车。由于缺乏晚近的数据，很难评判东欧使用骆驼成功与否。但东欧毫不费力就可以从中亚的传统骆驼牧区获得骆驼，这个事实使东欧引进骆驼的实验与西欧非常不同。西欧实验的目的是要让骆驼适应一个全新的环境以至可自我延续。

在殖民地的尝试与在西欧的尝试一样成效有限。输送到爪哇的几峰骆驼死于肝病。[23] 16 世纪中叶，一位名叫胡安·德·雷纳加（Juan de Reynaga）的步兵上尉将一批骆驼从加那利群岛引入秘鲁。[24] 但这场实验被一道国王敕令所中止，因有人抱怨廉价骆驼运输会冲击以奴工价格雇用印第安人的搬运市场，造成收益受损。在牙买加，该地 50 年来的骆驼实验同样是不成功的。委内瑞拉也差不多，那里最初引进骆驼的是西蒙·玻利瓦尔的岳父。[25] 骆驼的主要威胁在秘鲁是跳蚤，在牙买加和委内瑞拉则是毒蛇。不过，骆驼在拖曳甘蔗方面还是有用的。1841年，在古巴邻近圣地亚哥（Santiago）的铜矿有 70 峰骆驼服役，被铁路取代后，这些骆驼被送往岛上各地用于甘蔗工业。[26]

　　加勒比地区最后的尝试是，巴西政府慎重考虑后于 1856 年与圣伊莱尔的驯化学会接洽，请求学会指导将骆驼引进干燥的北部省份塞阿拉州（Céara）。[27] 正是这个请求促使学会收集前述信息，并据以研究骆驼驯化史。这个请求也带来了实践成果。1859 年 7 月 23 日，三桅船"卓越号"（*Splendide*）在塞阿拉州的海滩上卸下 14 峰骆驼和 13 匹马，它们都来自阿尔及利亚。实验似乎没有成效[28]，但考虑到骆驼进口得如此之少，失败是不奇怪的。

　　在南部非洲，德国人、葡萄牙人、英国人都尝试使用骆驼，也都取得一些成果。[29] 德属西南非洲的骆驼最先引自加那利群岛，后来是北非。英国人引进的骆驼部分来自索马里，尽管它们更结实、更有力，但引入开始得太晚（似乎不早于 1903 年），当这一引入还来不及大功告成时，人们的兴趣已彻底转向机械化运输。我不知道这些实验是否还有什么遗存，除了一枚葡属尼亚萨（Nyassa）公司发行的 150 雷亚尔的老邮票。[30]

　　有两个国家引进骆驼的经历尚待重述，即澳大利亚与美国，它们的经历独特有趣，前者是因其不寻常的成功，后者是因其看似不必要的失败。两国引进骆驼的最初努力都是无可争议的失败。1701 年，一名奴隶主将两峰骆驼带入弗吉尼亚，之后杳无音讯。大约同时，北方塞勒姆（Salem）的一位富有船长克劳宁希尔德（Crowninshield）引进了另一对骆驼，但在引发好奇外别无结果。[31] 在澳大利亚，第一峰骆驼于 1840 年抵达南澳大利亚的阿德莱德港，是船上来自加那利群岛的一群骆驼中唯一的幸存者[32]，但这峰骆驼六年后意外引发枪支走火，使其主人受了致命伤，它也因此被杀。也是在 1840 年，一对骆驼到达塔斯马尼亚岛的霍巴特（Hobart），但也没有任何结果。

　　之后北美与澳大利亚均再无引进骆驼的尝试，直至 19 世纪中期才重新对类似的项目感兴趣。两国都在讨论为实用而非展览目的引进骆驼，这些讨论远在项目实施前就在进行中。据报道，西澳大利亚殖民地甚至悬赏 100 英磅给第一个能引进一峰怀孕雌驼的人。在澳大利亚，开始大规模地把这些讨论付诸实践的行动，发生在 1860 年"钦苏拉号"（*Chinsurah*）抵达墨尔本之后，这艘船从卡拉奇运来 24 峰骆驼，一并抵达的还有前来服务的 3 名"阿富汗人"（Afghan，这个称呼以其简略形式 Ghan 成为澳大利亚对所有亚洲养驼人的称呼，尽管他们大多其实来自俾路支与拉贾斯坦），同行的还有一名与骆驼打过交道的英军退役士兵。这个骆驼群加入了殖民地原有的 6 峰骆驼，其结果，当年晚些时候从墨尔本出发的一次探险活动中，运输队里有了 26 峰骆驼。

　　伯克与威尔斯探险（The Burke and Wills expedition）未能决定性地证明沙漠探险中骆驼相对于马的优越，但这一经历，加上被派去寻找伯克与威尔斯的麦金利（McKinlay）救援队使用骆驼的经验，使南澳大利亚的一位大地主托马斯·埃尔德（Thomas Elder）确信将骆驼引入澳大利亚是明智的，而他在1857年骑骆驼从开罗到耶路撒冷时就已经产生了这个想法。1866年1月，埃尔德的124峰用于骑乘和搬运行李的骆驼抵达澳大利亚，几个月后，埃尔德的贝尔塔纳牧场（Beltana station）成为澳大利亚第一个骆驼繁育中心。

不久，贝尔塔纳的骆驼繁育展示了适用于后来澳大利亚其他骆驼繁育中心的模式，表明澳大利亚本土繁育的骆驼优于进口的骆驼。在亚洲与非洲，许多世纪以来人们都知道对骑乘动物进行择优育种，但在科学繁育挽畜上的努力可能都比不上澳大利亚。在澳大利亚，人们欣赏的是骆驼干活的能力，而不是作为骑乘动物的质量。不过骆驼的生殖周期较长，而探险、驮运与拉车对骆驼的需求很大，本土繁育的骆驼供给不足，所以一段时间内仍要从印度进口骆驼。

尽管缺乏精确的数字，但根据汤姆·L.麦克奈特（Tom L. McKnight）从先前记录汇集的数据，澳大利亚境内的骆驼总数从1866年的65峰（在兽疥癣使埃尔德损失了一半的畜群后），上升到19世纪80年代的大约700峰，到1889年为1600峰。自此，骆驼总数开始飞涨，1925年达到官方统计数字顶峰的1.3万峰（实际数字可能逼近2万峰），然后又在一个短时期内暴

跌，至 1966 年本土骆驼约为 500 峰或更少。[33] 不过，隐藏在这
个数据背后的，是野生骆驼数量的巨大增长。被机械化运输取
代后，骆驼被弃于野外自谋生计。麦克奈特估计，澳大利亚的
野生骆驼数量在 1.5 万至 2 万峰之间。因为骆驼的习性是穿行而
非跨越铁丝网，且现在骆驼实际上已经没有用处，这些野生骆
驼被认定为害兽，某些州还提供猎杀赏金。[34] 顺便说一下，这
些骆驼可以成为美国重启骆驼移植最合适的资源，因为它们来
自一个未受口蹄疫侵害的国度。

尽管骆驼如今成了野生动物，在澳大利亚骆驼的黄金时
代，它们的环境适应能力却是很惊人。骆驼不只被用作驮畜，
也被套上四轮车、二轮车和农具。灵感也许来自人们看到的印
度拉车骆驼，但挽具技术毫无疑问源于欧洲，从马项圈的改进
而来，而"阿富汗"养驼人从未赶过车。[35] 毋庸置疑，如果骆
驼得到持续的科学繁育，人们对它的使用会超过其他任何一种
挽畜。[36]

如果不是因为内战的干扰，很难说美国的骆驼引进能否取
得与澳大利亚相近的成就。尽管这两个国家同时却又各自独立
地展现引进骆驼的热情，最初一系列实验的性质也相似，但两
国又有着显著的不同，比如澳大利亚土著较为消极顺从，而美
洲土著则活跃好战。

美国引进骆驼的历史屡见于多种论著。早在 1836 年，美军

少校乔治·H. 克罗斯曼（George H. Crosman）就意识到骆驼在
边疆探察上的潜在价值。[37] 亨利·C. 韦恩（Henry C. Wayne）少
校接过克罗斯曼的这个创意，在 1848 年向战争部提议为军用
目的引进骆驼。韦恩引起了密西西比州参议员杰斐逊·戴维斯
（Jefferson Davis）的兴趣，正是戴维斯在担任富兰克林·皮尔斯
（Franklin Pierce）总统内阁战争部长时正式敦促国会行动，1855
年一条批款 30000 美元用以引进骆驼的提案获得通过。

　　韦恩少校被选中来执行这个计划，与他一起工作的还有戴
维·迪克逊·波特（David Dixon Porter）中尉。波特后来因在
南北战争中成了一名海军上将而名声大噪，他志愿参与引进骆
驼的工作，是受他的亲戚、时任加利福尼亚州与内华达州印第
安事务负责人的爱德华·菲茨杰拉德·比尔（Edward Fitzgerald
Beale）的敦促。比尔对骆驼感兴趣，是因为读了古伯察（Abbé
Évariste-Régis Huc）的书；古伯察在他丰富多彩、充满冒险的旅
行记录中，叙述了自己作为传教士游历中国的经历。[38] 韦恩先
于波特前往欧洲的伦敦与巴黎学习关于骆驼的知识。波特到达
意大利时，专程拜访了圣罗索雷，之后对骆驼作为挽畜的实用
性深信不疑。波特的"补给号"（Supply）在地中海许多港口停泊，
两个军官甚至前往克里米亚观察英军如何使用骆驼。非常奇怪
的是，他们并没有前往加那利群岛，那里不仅是许多骆驼进口
者们获取畜群的地方，而且如果从那里装运骆驼上船，可以缩

249

短至少 3000 海里的航程。

251　　1856 年 5 月 14 日，在加尔维斯敦（Galveston）以南 20 英里的一个得克萨斯州小港口，"补给号"卸下 34 峰骆驼。9 个月后，波特完成了第二次航程，在得克萨斯州又卸下 44 峰骆驼。就这样，在圣安东尼奥西北 60 英里处的维德营（Camp Verde），美国陆军设立了第一支也是最后一支骆驼队。十年后的 1866 年，在新奥尔良的陆军军需官接到卖掉维德营尚存的 66 峰骆驼的命令。以每峰 31 美元的价格，美国政府清仓结算了这个长达十年的骆驼实验。

　　可以证明骆驼价值的这十年，有一半的时间不消说是被内战耗掉了。事实上，对骆驼实用价值的真正检验只进行了一次，其结果完全是肯定的。1856 年秋，战争部命令测绘一条新的四轮马车大道，从新墨西哥州的迪法恩斯堡（Fort Defiance）到加利福尼亚州边境的科罗拉多河。爱德华·菲茨杰拉德·比尔中尉（正是他说服波特自愿参与购买骆驼）被选中来执行这

252　次测绘探察，供他调遣的还有维德营的 25 峰骆驼。1857 年 6 月 21 日，骆驼加入勘探队。整整四个月后的 10 月 21 日，勘探队跨越科罗拉多河。在此期间，骆驼一再证明了它们的优势，即便是游过科罗拉多河也毫发无损，而 10 头骡子和 2 匹马却在渡河时溺毙了。

　　在加利福尼亚州，比尔对骆驼进行了一些更深入的实验，

这些骆驼在他家的地盘上大放异彩，即使是在 2—3 英尺深的雪地里。1858 年年初，比尔开始了返程之旅，以测试新勘探道路的冬季效能。骆驼再一次展示了它们的可用性。比尔将两次长途行军的结果向战争部部长弗洛伊德（Floyd）报告，后者于当年 12 月向国会报告"骆驼可以适应在平原上的军事行动，这点现在似已得到证明"。弗洛伊德敦促国会批准拨款购买 1000 峰骆驼，又于 1859 年和 1860 年重复申诉，但都石沉大海。

直到此时，美国与澳大利亚的经验大体上还是差不多的：政府的兴趣引发最初的大宗进口；骆驼参与探险活动并证明了自己的价值。在最初的实验探索之后，两国随后跟进的努力也差不太多。和澳大利亚一样，一批美国私企和个人也看到了引入骆驼的光明前景。不幸的是，美国没有出一个托马斯·埃尔德。这些引入的骆驼，比如 1860 年从中国东北引进到旧金山的 15 峰双峰驼加上 1862 年又追加的 22 峰，它们一到就只用来驮货干活，而不是用于繁育。实际上，第二批骆驼还被重新装船运往英属哥伦比亚，在卡里布地区（Cariboo Region）服役驮货。即便成立了种畜场，畜群过小也难以产出足够的数量来推广骆驼的使用。1860 年左右圣伊莱尔在巴黎听说了一个从非洲进口约 120 峰骆驼（到美国）的计划，这个计划本可能如埃尔德的引进那样影响深远，然而最终无果。[39]

因此，那个时候，当内战把多数美国人脑子里的其他念头

都排挤出去以后，有足够的理由期待一次重要且可能是决定性

的骆驼引进将在美国出现。聪明人不会意识不到骆驼必须繁育
才能扎根。韦恩少校第一次引进骆驼时曾受到训斥，因为他优
先进行了骆驼繁育实验，而不是战争部为向国会证明拨款的正
当性所需要的可行性研究，其实那个实验的费用远少于批复的
3万美元。正因为突破从未发生，引进骆驼这一插曲也是短命
的。如果战争部照着韦恩起初的计划来，到1866年维德营的骆
驼总数就会超过200峰而不是可怜的66峰。

　　在骆驼加入比尔勘探队的第一天，来自费城的年轻队员
梅·汉弗莱·斯泰西（May Humphreys Stacey）在日记中写道：
"这些骆驼代表着什么？当然并不是高等文明，但却体现了美国
人勇往直前的进取精神，代表着征服自然的能量与毅力。"[40] 不
幸的是，美国人所有的"能量与毅力"在1860年后都被南北两
军征用了，使得斯泰西充满希望的话语尽成虚言。战后，军用
骆驼与杰斐逊·戴维斯的联系本有可能会扼杀美国人对骆驼兴
趣的复苏，但似乎美国人根本就不存在这样的兴趣。不过，这
并不是说，如果没有发生内战，骆驼就一定会成为美国生活的
一个事实。与澳大利亚相比，美国更远离所有的骆驼资源区，
导致骆驼引进的成本和风险都增加了。然而，更关键的因素可
能还是人。骆驼被带到澳大利亚时，平均每3—8峰就配有一名
"阿富汗"养驼人[41]，该国移植骆驼的成功很大程度上必须要归

功于他们，因为他们提供了训练和掌控骆驼的技术，这样才能展示骆驼真正的潜能。在建立澳大利亚骆驼育种程序方面，他们一定居功至伟，尽管多数情况下其实就是他们自己在这个新国家以小规模畜群为基础开展骆驼繁育工作。[42]

养驼人也跟随次数有限的进口骆驼一起到了美国，但人数很少，据称来自若干个不同的国家。[43] 显然他们是波特和韦恩在访问多个地中海港口时雇用的。这么说当然不是质疑他们作为骆驼手的专业性，但确实表明他们并不能像来自俾路支和拉贾斯坦的澳大利亚"阿富汗"同行那样掌握在沙漠地区繁育骆驼的知识。因此，种驼在美国能否如在澳大利亚一样成功并使该物种落地生根，就是很值得怀疑的。

最后，说说印第安人的事。澳大利亚土著很晚才开始使用骆驼，他们在骆驼史上作用甚小。[44] 美洲印第安人会如何与骆驼相处就完全是另一码事了。也许什么都不会发生，不过某种前景激发起高涨的热情，可见于美国第一批生态学者、骆驼最有力和最热忱的支持者之一、佛蒙特州参议员乔治·帕金斯·马什（George Perkins Marsh）1854 年的演讲：

印第安人的习性类似于游牧的阿拉伯人，把骆驼介绍给他们可以修正他们的生活模式，如引入马所做的那样。确实，拥有这些动物短期内只会增强他们的破坏力，但长

远地看，将把印第安人提升到半文明状态，仅此一端就使
他们的荒野家园尚可接受。骆驼产品如驼毛、驼皮、驼肉
对部落来说具有无可估量的价值，否则野牛和其他大型猎
物很快就会灭绝。跨越内陆沙漠的运输业所带来的收益，
可能如同对西奈半岛上的阿拉伯人那样，产生改造野蛮人
之效。[45]

马什出版的关于骆驼的两本书中，充满了弥漫于上段引文
的那种乐观，同样的乐观已见于本章前面多次引述的圣伊莱尔
有关动物驯化的文句。驯化与适应可能的困难被最小化，而骆
驼（或其他动物）的优点则受到不成比例的赞美。例如，1858
年 7 月 21 日《洛杉矶星报》(*Los Angeles Star*) 报道，加州政府
所属的最大的骆驼能"负重 1 美吨，每小时走 16 英里"[46]。在
最大的可能负重之下，这样的高速度超过了以往最好的骑乘骆
驼所宣称的速度。[47] 这种荒谬的报道和乐观，使即便审慎如戴
维·迪克逊·波特也激情洋溢地说，在圣罗索雷的 250 峰骆驼
"工作能力与一千匹马相匹敌"[48]，这些使得人们对骆驼引进的
期待膨胀了，并有可能造成一些国家引进骆驼尝试的失败。为
了更谨慎地评估骆驼对西方的价值，必须看看在殖民地的西方
军人的经验和观点。

按照马什的设想，最终要让美军可以在山地使用骆驼载榴

255

弹炮跟轻型火炮[49]，但实际上，在骆驼的原产国之外，没有一
支西方军队曾大规模使用骆驼。另一方面，西方人在骆驼原产
地利用骆驼的历史又很长，包括二战中德军在南俄曾组织驼队
给那些远离补给线的抛锚坦克运送汽油。[50] 不过，简单罗列一
系列孤立的实验是没有意义的。相反，这里只举三种观察，以
助于揭示西方骆驼实验更宽广的层面。

　　观察之一，欧洲军人并未很快地学会驾驭骆驼的技巧。在
埃及，伦纳德记述了一个负责组织驼队的英国军官："他和助
手们都是一点也不知道该怎么做，因为他们啥都不懂，包括最
基本的骆驼知识，如骆驼的能力和必要的装备。"[51] 其结果，
在一些使用骆驼的早期战役中，骆驼被一些不知道它们极限
的人简单地压榨至死，损失量非常大。特别是，在 1878—
1880 年的第二次阿富汗战争中，英军损失了 7 万峰骆驼，而
在 1885 年解救困在喀土穆的戈登将军（General Gordon）的
战役中，情况也没好到哪里去。[52] 在与卡拉库姆沙漠的土库曼
部落作战时，俄国人的经历亦差不多。1879 年，俄军 1 万峰驮
运物资的骆驼中，有 3000—4000 峰骆驼过劳而死。[53] 后来各
国终于采取措施予以纠正，在之后的战役中，如一战艾伦比
（Allenby）入侵巴勒斯坦时就以理性的方式使用驮驼，避免了
不必要的损失。[54] 以上所述都强化了本文前述论点，即大规模
引进骆驼的成功只发生在澳大利亚，因为那里在引进骆驼的同

时，还专门引进了有专业知识的骆驼驾驭者和饲养者。

观察之二，是欧洲军人认识到他们的士兵在驾驭军用骆驼的技巧上永远赶不上他们的游牧敌人。法国在撒哈拉的经历清晰地证明了这一点。法军在不同时间分别组建过几个骆驼军团。第一个骆驼军团是 1798 年拿破仑下令、由卡弗利耶（Cavelier）将军在埃及组建的。[55] 第二个骆驼军团于 1843 年由卡武奇亚（Carbuccia）将军在刚成立的法属阿尔及利亚组建，但维持的时间比上一个还要短。[56] 19 世纪后期好几个法国军官都发出了强力请求，希望组建新的骆驼部队，但直至那个世纪结束时才有了点结果。[57] 1905 年，法军在廷巴克图和其他撒哈拉南缘据点组建了常备骆驼军单位，随后数年间，该地区及阿尔及利亚、摩洛哥又组建了更多的骆驼军单位。[58]

写作于 19、20 世纪之交的几部书，对长期的倡议和实验形成的经验教训进行了总结。得出的结论包括：骆驼应在当地购买或征用；每 1—3 峰驮货骆驼应配备 1 个从当地雇用的骆驼手[59]；图阿雷格式骆驼骑鞍尽管性能优越，但因操控难度太大而不可使用；因骑术无法赶上敌军，士兵必须在交战时从骆驼上下来作为步兵参战。[60] 简而言之，进入战场也好，作为运输队也好，只有经验老到的骆驼驾驭者才能达到使用骆驼的最佳效果。

观察之三，尽管西方军人承认，要充分发挥骆驼的军事功用比预期的要困难，但是值得尝试，因为骆驼至少在干燥气候

258

下远远优于任何其他动物。实际上，英国人在不同战争中甚至愿意用船把骆驼从一个国家运到另一个国家。例如，波特和韦恩在为购买骆驼远行至克里米亚时观察到，英军大量使用叙利亚单峰驼，直到它们被当地气候击垮。[61] 1901—1904 年间，英国人把印度骆驼装船运至索马里，用于与被称为"疯子毛拉"（Mad Mullah）的穆罕默德·阿卜杜拉·哈桑（Muḥammad b. ʿAbd Allāh）作战。[62]

概括而言，即便将军用与民用的所有实验合起来，也很难说西方对骆驼进行了有效的利用。确实，这种动物对西方的影响，即便是在最干旱的殖民地，也比不上骆驼对它原生地区社会的影响。在殖民地，绝大多数情况下，西方人坚持使用轮子，而不认可骆驼原有的主导地位。随着帝国旗帜而来的，是马路和车辆。而西方人在自己国家尝试骆驼本土化的努力成效有限，规模太小，在引进骆驼的同时又过于天真地忽略了引进有经验的骆驼手和养驼人。

前已述及和未曾述及的西方投入实验的大量想法与努力，显示西方是多么严肃认真地对待骆驼。西方世界致力于发展轮式运输，但并没有忽视一个事实，即骆驼在某种情形下可能是一个优秀的选项。从今天这个机械化运输无所不至的时代往回看，无法想象一个不同的现代交通史，其中骆驼会在那些它们本不生息的国家扮演重要角色。但直至 19 世纪中叶，还没有人可以看得清，轮子即将快速、决定性地终结与骆驼之间长达两千年的竞争。那时，骆驼看起来似乎仍是一个好主意。

注释

1. Igino Cochhi 评论说："这种使用方法使它们成为独特的驮畜。""Sur le naturalization du dromadaire en Toscane," *Bulletin de la Société Impériale Zoologique d'Acclimatation*, 5(1858), p. 479.

2. C. Mirèio Legge, "The Arabian and the Bactrian Camel," *Journal of the Manchester Geographical Society*, 46(1935-36), pp. 44-45; M. F. Davin, "Notice industrielle sur le poil de Chameau," *Bulletin de la Société Impériale Zoologique d'Acclimatation*, 4(1857), pp. 253-257; J. Merritt Matthews, Textile Fibers, 5th ed. (New York: John Wiley and Sons, 1947), pp. 632-636. 最后那条资料要感谢Lillian Eliot女士告知。

3. 例如，一位名叫罗伯特·郇和（Robert Swinhoe）的英国人1860年在北京目睹骆驼后写道："我想说它们也可以在我国成为一种驮畜，它们在英国的平原地区能既有效又经济。"*Narrative of the North China Campaign of 1860* (London: Smith, Elder & Co., 1861), p. 369.

4. A. Dareste, "Rapport sur l'introduction projetée du dromadaire au Brésil," *Bulletin de la Société Impériale Zoologique d'Acclimatation*, 4(1857), 191.

5. 参见Giulio Cervani, *Il"Voyage en Egypte"(1860-1862) di Pasquale Revoltella* (Trieste: ALUT, 1962), figs. 48, 55的照片。一些案例中显示的挽具在使用南阿拉伯驼鞍的亚丁也取得了成功，这种尝试似乎仅存在于该地西方

人社区的经济活动中。

6. Dareste, "Rapport," pp. 191-192; Isidore Geoffroy Saint-Hilaire, *Acclimatation et Domestication des Animaux Lltiles* (Paris: Librairie Agricole de la Maison Rustique, 1861), pp. 24, 26.

7. Geoffroy Saint-Hilaire, *Acclimatation*, pp. 277-296 (Yak), 317-347 (Llama and Alpaca).

8. Geoffroy Saint-Hilaire, *Acclimatation*, p. 26.

9. Geoffroy Saint-Hilaire, *Acclimatation*, pp. 126-138.

10. Geoffroy Saint-Hilaire, *Acclimatation*, pp. 22-23, 302; Dareste, "Rapport," pp. 130-132.

11. J. Poulík and W. and B. Forman, *Prehistoric Art* (London: Spring, [n.d.]), pl. Ⅶ.

12. Dareste, "Rapport," p.135; Giulio Q. Giglioli, *La Colonna di Arcadio a Constantinopoli* (Naples: Gaetano Macchiaroli, 1952), pls. 25-26, 35-36.

13. 哥特语*ulbandus*和表示"大象"的单词有亲缘关系，但这一词源关联的重要性还有待研究。Sigmund Feist, *Vergleichendes Wöreterbuch der Gotischen Sprache*, 3d. ed. (Leiden: Brill, 1939), p.515.

14. Karl Heschler and Emil Kuhn, "Die Tierwelt," in *Urgeschichte der Schweiz*, ed. Otto Tschum, vol. Ⅰ (Frauenfeld: Huber, 1949), p.342.

15. 参看Fredegarius编年史续录中的第42图。*Grégoire de Tours et Frédégaire*, tr. M. Guizot (Paris: Didier, 1862), ll, p. 204.【译者注：本句在叙述克洛泰尔二世事迹时原文为"his queen Brunehaut"，但布伦希尔德并非是克洛泰尔二世的三位王后之一，而是其伯父西吉贝尔特一世的王妃，为避免歧义，特改译如上。】

16. Roux, "Le Chameau en Asie Centrale," p. 55.

17. P. Jaffé, *Bibliotheca rerum germanicarum*, V, p. 748. 感谢Giles Constable教授提供这条材料。

18. Dareste, "Rapport," p. 196.

19. 可以阅读G. F. Young, *The Medici* (New York: E. P. Dutton, 1913), Ⅱ, 390-458以获得对斐迪南二世一生梗概的认识。Young认为这些骆驼来自印度（p. 449），但更靠的作者引证材料认为来自突尼斯。Igino Cochhi对托斯卡纳骆驼的记录尤其好（见前n. 1）。

20. Zeuner, *Domesticated Animals*, p. 358.

21. Dareste, "Rapport," pp. 189-190; M. P. Graells, "Sur l'acclimatation des animaux en Espagne," *Bulletin de la Société Impériale Zoologique d'Acclimatation*, 2(1854), 109-116; Legge, "The Arabian and Bactrian Camel," pp. 31-32.

22. Jean Vilbouchevitch, "Emploi du chameau en Russie," *Bulletin de la Société Impériale Zoologique d'Acclimatation*, 40(1893), 477, 同作者之 "Emploi du chameau en Russie comme animal Agricole," *ibid*, 41(1894), 337-342; Cauvet, *Le Chameau*, l, 45.

23. Geoffroy Saint-Hilaire, *Acclimatation*, pp. 301-302.

24. Dareste, "Rapport," p. 196.

25. Dareste, "Rapport," p. 197; Lesse, *The One-Humped Camel*, pp. 43-44.

26. Dareste, "Rapport," p. 198.

27. Geoffroy Saint-Hilaire, *Acclimatation*, pp. 309-316.

28. Lesse, *The One-Humped Camel*, p. 43.

29. Lesse, *The One-Humped Camel*, p. 44; Leonard, *The Camel*, pp.325-333; Droandi, *Il Cammello*, p. 349; Cauvet, *Le Chameau*, I, 48-50.

30. Cauvet, *Le Chameau*, II, 164.

31. Dareste,"Rapport,"p. 197. 克劳宁希尔德骆驼的广告单保存在马萨诸塞州塞勒姆市的Peabody海事博物馆。

32. 以下的简史概括自Tom L. McKnight, *The Camel in Australia* (Melbourne: Melbourne University Press, 1969), pp. 17-24。

33. McKnight, *The Camel in Australia*, pp. 71-76, 98-105.

34. McKnight, *The Camel in Australia*, pp. 105-122.

35. McKnight, *The Camel in Australia*, pp. 45-47, 52-56. 驾驭骆驼车的H. M. Barker的回忆录*Camels and the Outback*非常有趣，因为全书都是描写澳大利亚对骆驼的使用。特别是，他记录了"阿富汗"养驼人对赶骆驼车毫无兴趣（p. 207），还详细描述了挽具（pp. 20-21）。但是，与挽具（源自欧洲）不同，麦克奈特描述的骆驼鞍显然源自印度的*pakra*鞍。参见Lesse, *The One-Humped Camel*, pp. 126-127, pl. 6。

36. Barker, *Camels and the Outback*, p. 208.

37. 以下叙述摘自Lewis Burt Lesley, *Uncle Sam's Camels* (Cambridge, Mass.: Harvard University Press, 1929), pp.3-17, 119-136。格林里 (Albert H. Greenly) 编写了详尽的参考文献书目 "Camels in America," *The Papers of the Bibliographical Society of America*, 46(1952), pp. 359-372。

38. 已有中文版，古伯察：《鞑靼西藏旅行记》，耿昇译，北京：中国藏学出版社，2012年。

39. Geoffroy Saint-Hilaire, *Acclimatation*, pp. 308-309.

40. Lesley, *Uncle Sam's Camels*, p. 43.

41. McKnight, *The Camel in Australia*, p. 57.

42. McKnight, *The Camel in Australia*, pp. 65-71.

43. Lesley, *Uncle Sam's Camels*, pp. 10-11, 129-130.

44. McKnight, *The Camel in Australia*, pp.90-91, 98-102.

45. George P. Marsh, *The Camel: His Organization, Habits and Uses* (Boston: Gould and Lincoln, 1856), p. 189. 这本小书是马什的演讲《骆驼》（*The Camel*）的扩充版，原演讲发表在*Ninth Annual Report of the Board of Regents of the Smithsonian Institution* (Washington: Beverley Tucker, 1855), pp. 98-122. 引用的这一段在演讲集的第120页。

46. Lesley, *Uncle Sam's Camels*, p. 122.

47. 澳大利亚饲养骆驼只是为了驮力，在那里骆驼的最大负重记录仅为1904磅，略少于1美吨【译注：1美吨=2000磅=907.2公斤】（McKnight, p. 44）。各种材料都记录驮货骆驼的速度约为每小时2.5英里或更慢。骆驼狂马什所收集的数据表明，在妥善驾驭下，骆驼的速度也绝不会超过每小时10英里（pp. 123-128）。其他地方所宣称的高数字是非常可疑的。

48. Lesley, *Uncle Sam's Camels*, p. 8.

49. Marsh, *The Camel*, p. 188. 马什也提到骆驼骑手能获得的军事优势（p. 192），坐在北阿拉伯驼鞍上时，骆驼骑手比骑马者更高。

50. B. H. Liddell Hart, *The Other Side of the Hill* (London: Cassell, 1951), p. 305.

51. Leonard, *The Camel*, p. 259.

52. Lesse, *The One-Humped Camel*, pp. 45-46; Leonard, *The Camel*, pp. 277-279; Count A. E. Gleichen, *With the Camel Corps up the Nile* (London: Chapman & Hall, 1888), pp. 40-41, 177-178, 185-201.

53. Robert Edwin Berls, Jr., "*The Russian Conquest of Turkmenistan*," Ph.D. thesis, Georgetown University, 1972, pp. 136, 147. 感谢John Emerson教授让我注意到这篇论文。

54. Lesse, *The One-Humped Camel*, p. 46. 我的一位私交George Kendle先生在艾伦比远征中以兽医军士长身份管理骆驼，至今他仍骄傲地回忆当时骆驼保持极佳健康的记录。

55. M. Jomard, "Le Régiment des Dromadaires à l'armée d'orient (1798-1801)," in General Jean-Luc Carbuccia, *Du Dromadaire comme bête de somme et comme animal de guerre* (Paris: J. Dumaire, 1853), pp. 219-244.

56. Geoffroy Saint-Hilaire, *Acclimatation*, pp. 296-299.

57. 这类宣传品的代表有H. Wolf and A. Blachère, *Les Régiments de Dromadaires* (Paris: Challamel Ainé, 1884)，以及P. Wachi, *Rôle militaire du chameau en Algérie et en Tunisie* (Paris: H. Charles-Lavauzelle, 1900)。

58. Lt.-Col. Venel and Capt. Bouchez, *Guide de l'officier méhariste au territoire militaire du Niger* (Paris: E. Larose, 1910), pp. 11-13; General Duboc, *Méharistes coloniaux* (Paris: L. Fournier, 1946), p. 8.

59. Wachi, *Rôle militaire*.

60. Venel and Bouchez, *Guide*, pp. 100-105, 221; Capt. Moll, *Infanterie montée à chameau: notes sur l'organisation d'une compagnie montée à chameau dans les 1er et 3e territoires militaires de l'Afrique occidentale* (Paris: H. Charles-Lavauzelle, 1903), pp. 6-7.

61. Lesley, *Uncle Sam's Camels*, p. 9; Lesse, *The One-Humped Camel*, p. 45.

62. Lesse, *The One-Humped Camel*, pp. 46, 124.

轮子的回归与骆驼的未来

驮畜骆驼的时代已近剧终，畜力再也不能成功参与世界运输经济的竞争了。这实际上意味着轮式车辆最终赢得了与驮畜间漫长的竞赛，尽管它们必定会带来烟雾、高速公路、堵塞、交通事故死亡等弊端。不过，不要认为现代的轮式运输就一定与机械动力不可分离，20世纪之前，轮式交通最主要的进步都基于畜力提供的动力。因此，我们可以看看驮畜骆驼为机动车所取代的这个事实的深层道理，思考一下，如果不是因为内燃机等机械发明的出现，骆驼与轮子的竞赛会走向何方？换言之，如果不是靠机动车，欧洲的畜力二轮车和四轮车能替代驮畜骆驼吗？

对这个问题的回答一定是一个带着限定词的"是"。回答"是"是因为轮子是欧洲帝国主义文化输出必不可少的一环，带着限定词是因为有些沙漠道路永远不会开发，哪怕只是为了走骆驼车。然而，轮子快速的、不可阻挡的、大获全胜的回归，不见得就一定会发生。突厥人（土耳其人）在中亚老家时本就熟悉包括骆驼车在内的高效轮式运输，可是，当他们在 11 世纪以降作为政治主导者进入中东并扎下根来以后，他们并未引发中东运输经济的革命。由于突厥人（土耳其人）的政治统治或文化影响，城市的确出现了这样那样的车辆，但乡村仍然是驮畜的天下。[1] 突厥人（土耳其人）对中东文化的影响在这一点上显得特别微弱，安纳托利亚农民的原始实心轮牛车没有发生任何技术进步，尽管中亚突厥式 *araba* 车的效率高得多。

军事科技是突厥人对轮式运输持开放态度的一个最佳证据。奥斯曼军队对二轮车和四轮大车的使用也许还说明不了什么，因为奥斯曼军队通常都在轮式运输占主导地位的欧洲作战，但萨法维王朝（一个在 16—17 世纪统治伊朗的突厥人王朝）的轮式火炮实验证明了突厥人为军事目的使用畜力大车的兴趣。萨法维王朝从奥斯曼帝国学习到一种技术，这种技术在 15 世纪中欧的胡斯战争中显示了效能：将数门小型火炮安装在一辆畜力四轮大车上，然后将车辆连接起来，形成用于防御的环阵或抵御骑兵冲锋的 *laager*（源自德语"营"）。据说 1528 年，萨法维王朝使用了 700 辆 *araba* 车，每车装备有 4 门 *zarbzan*（波斯语"火炮"），在伊朗东部与乌兹别克人作战，把一场看起来即将失败的战斗扭转为辉煌胜利。[2] 这类实验此后似乎被放弃了。

263
　　但是，即便将这些基本上没有成果的军事实验计算在内，也不能说在交通运输领域存在很多突厥影响。欧洲帝国主义到来之前，轮子并未真正开启在中东与北非的回归。突厥人大体上已同化于中东原有的文化模式，而欧洲人则最大限度地以欧洲文化模式来同化中东与北非人。西方文化对世界其他社会的冲击最终是胜利还是失败，目前还远远谈不上有什么定论，但在西方输出性最强的文化特质中，高效的交通运输乃是制造与市场观念的重要组成部分，无法想象任何一个接受了西方这些文化观念的社会能够长期不用轮子。[3] 于是，轮子的回归可视为不可避免的。

　　虽然如此，如果畜力车辆成为西方观念中陆上交通的终极形式，而不是出现了后来那种机动车，轮子回归中东的影响可能会大大不同。也许骆驼会用来牵引重型四轮大车，就像在澳大利亚发生的那样[4]，而这将使某些饲养骆驼的社会可以完整保护其传统经济基础。如此，帝国主义的影响纵然不可避免，轮子的回归也不至于激烈地改变中东与北非的骆驼牧养。是内燃机把轮子的回归推向一场革命，导致了骆驼游牧的淘汰。

　　多少个世纪以来，骆驼牧养是利用边缘土地的一种合理方式。不需要消耗农业资源，却可以适当满足运输经济的需要，要做的不过是投入所需的人力资源，使骆驼繁育维持在一个产出水平上。自然，这不是牧养骆驼唯一或原初的理由，即便在

今日一个主要的骆驼文化区索马里，牧养骆驼也不是为了供给
运输业。不过，生产劳动骆驼在许多阿拉伯部落和撒哈拉部落
的畜牧经济中十分重要，骆驼的淘汰使得这些部落生存堪忧。
即使找不到直接的因果联系，毋庸置疑的是，骆驼游牧部落在
20 世纪转为定居者，与其对驮畜骆驼的需求下降密切相关。

　　骆驼数量的下降到 1920 年代已相当明显。[5] 全世界骆驼数
量的原始数据可能会有误导性，因为许多主要骆驼养殖国提供
的数据准确性多年来发生了急剧变化，不过，在曾经将骆驼当
作主要劳动力的三个国家，其数据还是有参考价值的。[6] 从 1947
年到 1952 年，土耳其的骆驼减少了 7.6 万峰，下降了 71%；
伊朗减少了 27.5 万峰，下降了 61%；叙利亚减少了 6.8 万峰，
下降了 90%。然而同一时期，世界各地骆驼的总数，据报告从
1027.3 万峰上升到了 1459.5 万峰，似乎足以与考维特 1925 年估
计的 600 万峰，以及另有人 1876 年估计的 150 万峰的数字相媲
美。[7] 上述数字可以明显地反映出，时间越早，统计数据就越不
精确。

　　尽管数据反映出来的情况与实际相反，仍有理由相信骆驼
已走上衰落之路，与之相随的是作为一种生活方式的骆驼牧养
也逐渐衰落。骆驼的终极末日已经在望，就是恰如在澳大利亚
所发生的，从被驯化的动物反转为野生动物，避免这一黯淡前
景的唯一出路，也许是将骆驼作为潜在的肉食来源。人们对骆

驼的这一潜在使用价值看法不一。且不说味道及质地，骆驼的饮食与条件，以及消费者的偏见，都是决定因素。争论的要点在于，骆驼能使沙漠变成丰产之地的价值，是否足以抵消食用骆驼肉的某些缺陷。

纳特·施密特－尼尔森（Knut Schmidt-Nielsen）曾用最有力的论证倡导食用骆驼。他写道："从理论上说，干旱地区的自然植被非常稀少，也难以增多，那么非常清楚的是，骆驼为此地的肉食供应提供了再明显不过的解决方案。"[8] 他指出骆驼可以较长时间不喝水，因此围绕某一水源的骆驼放牧区比羊大得多，而且，骆驼重复利用其尿素，经肾脏转化为蛋白质，因而补充了沙漠植物的低蛋白质供应。[9] 尽管看到骆驼可以理想地将无用荒漠转化为可用牧场，施密特－尼尔森也不得不承认，随着骆驼作为运输动物的情况越来越少，以及现代定居生活方式的普及，骆驼游牧人难以长久维持其生活方式，这样骆驼的产出就成了问题。

托马斯·施陶费尔（Thomas Stauffer）以数学比较的方式，从动力学角度将绵羊山羊畜牧业同骆驼畜牧业进行对比，注意到产肉的骆驼畜牧业不利的一面。[10] 他指出，尽管骆驼能更好地适应边缘化土地，但骆驼的繁殖风险也特别高：骆驼一年发情一次，妊娠期也是一年，幼崽常在适应放牧的季节出生，常常与骆驼的发情期相冲突；骆驼的哺乳期要持续一年，使得雌

驼的生产率低，最快也要两年生育一头幼崽；最后，雌驼一般
到 6 周岁时才能生产。

相比之下，绵羊和山羊可以在 1—2 周岁时开始生产，可以
一年生育两次，并且经常产下双胞胎。职是之故，当天灾或疫
灾造成畜群规模急剧下降时，羊群能迅速恢复，其速度远高于
骆驼。历史上，这个高风险因素的一个后果就是对其他部落进
行有组织的抢劫或盗窃[11]，可是如今在为肉品生产而开发的骆
驼牧养计划中，这明显是行不通的。

供应肉食的骆驼是否会有美好的未来？还是说，因风险过
高，牧养骆驼用于产肉这个提议不能被认真对待？一个可能的
答案，或许来自对今日驼肉消费情况的观察。在摩洛哥和利比
亚这样的国家，食用驼肉是很常见的，而在埃及，每年约有
3.6 万峰骆驼在开罗的骆驼市场销售，主要是供食用。[12] 不过，
骆驼肉大宗买卖的这些证据也许还不足以说明这个生意的可行
性。摩洛哥的骆驼肉来自撒哈拉部落，这些部落生活在与现代
世界关联并不密切的毛里塔尼亚与摩洛哥东部。利比亚直到最
近还是一个被传统的社会与经济观念所支配、经济潜力很小的
国家。埃及的骆驼主要来自苏丹，而苏丹的游牧部落生活几乎
还没有感受到现代化的冲击。简言之，仍然不清楚的是，今日
的骆驼商人也许只是对正在逝去的游牧经济进行最后的收割。
值得注意的是，在五十年前开罗的骆驼市场中，来自叙利亚和

阿拉伯的骆驼供应与来自更遥远的苏丹的骆驼供应一样多。如今，在叙利亚和阿拉伯半岛大部分地区，商业化骆驼畜牧几乎已经消失，似乎苏丹注定因同样的原因而终将步其后尘。当骆驼不再用于交通时，仅仅卖肉提供不了充足的动力来维持骆驼游牧部落的生活方式。

索马里拥有庞大的骆驼群数，而且索马里人的文化强调骆驼固有的价值而非其驮货能力，这些原因也许使索马里能在骆驼游牧的普遍衰退中坚持最久，如若不然，有充分的理由相信其骆驼游牧作为一种生活方式的吸引力会随着时间流逝而日益衰颓，而骆驼亦终将随之消失。长远地看，要想让骆驼维持一种主要家畜的地位，必须探索新的利用模式。相信世界对动物蛋白的需求，最终会使骆驼利用沙漠土地的能力在经济上变得有利可图。沙漠地区植被稀疏，为避免过牧，家畜必须散养，这又会带来管理与运输问题。因此，在部落游牧这种骆驼利用模式注定消亡时，为管理牛群而发展出的现代家畜管理技术也难以改造以提供一种替代模式。

267　　就在几年前，如果建议在美国开展新的骆驼繁育实验，可能还被视为异想天开。那时人们还意识不到美国能生产的廉价牛肉的总量可能是有限的。然而一系列事件把如何养活人类，确切地说是如何为人类提供动物蛋白的问题，带到每一个人面前。因此，现在出于开辟廉价肉食新来源的终极目的，再提把骆驼重新引进美国的话题，也许就会有人严肃对待了。

骆驼将低蛋白的沙漠植物转化为肉。这些植物，其他肉畜不能吃，却给骆驼供应适当的营养。只要看一眼骆驼一口吞下整株带刺的仙人掌，就再不会怀疑骆驼靠沙漠植物茁长成长的能力。既然美国境内有大片大片的沙漠，任何利用沙漠增加食物生产的可能性都值得考虑。

当然，几乎不能期待肉畜骆驼可立即产出，首先要进行各种实验。如何进行最佳的繁育以生产肉品？如何将它们以最佳方式养肥？如何以最适宜的技术管理牧场？这样那样的问题必须首先获得答案，其后才可能在某家餐馆的菜单上出现烤骆驼配天然果汁（chameau rôti au jus naturel），甚至骆驼肉香肠之类的菜品。必须先进行实验。不能因骆驼所蒙受的"愚蠢与可恶"的无端指责，一种有价值的潜在食物资源就遭到忽视。

正如本章开始所说，驮畜骆驼的时代已近剧终，那个时代可真是令人兴奋、富有成效啊。许许多多历史大事件都和骆驼有关，骆驼从阿拉伯南部海岸的乳品提供者，崛起为能够在世界交通经济中将轮子逐出大片区域的主宰者。本书浅尝辄止、未多着墨的长距离驼队贸易，在世界经济史上具有非常重大的意义。世界许多地区的文化整体上受到驮畜骆驼使用的显著影响。不过，这个时代的终结，并不意味着骆驼对人再无用处。就算肉品生产不能如当年穿越撒哈拉的驼队那样激发起人们

心头的浪漫之火，也一定符合人与动物世界整体关系的基本框
架。骆驼可以继续为人服务，它脸上那轻蔑的神情会提醒人们
记起逝去的时代，在那个时代，骆驼优越于人类引以为傲的发
明——轮子。

注释

1. Norman N. Lewis先生非常慷慨地把他正在写的一本书里的信息提供
给我，即*The Frontier of Settlement in Syria in the Nineteenth Century*。据书中信
息，当切尔克斯人（Circassian）从安纳托利亚东部迁徙至叙利亚时，牛力
二轮车被再一次引入该地区，其显著特征是实心轮。已知自11世纪起就有
突厥人出现在叙利亚，但他们的车辆从未在当地流行。

2. Martin B. Dickson, *Shah Tahmasb and the Uzbeks*, Ph.D. thesis,
Princeton University, 1958, pp. 127, 129 (University Microfilms, Ann Arbor,
Mich.). "Cavalry," *Encyclopaedia Britannica*, 11th ed., V, pp. 564-565.

3. 在20世纪早期的伊朗，修建马路的资本和动力都主要来自欧洲人。
Issawi, *The Economic History of Iran*, pp. 200-202.

4. 19世纪除澳大利亚外还有一些地方进行了小规模实验，给
骆驼套上挽具牵引车辆。波斯人甚至尝试过组建骆驼牵引炮兵。
Dareste, "Rapport," p. 72; Cauvet, *Le Chameau*, I, 665.

5. Cauvet, *Le Chameau*, II, 192-193.

6. *Production Yearbook*, 1971 (Rome: Food and Agriculture Organization of
the United Nations, 1972), p. 338.

7. Cauvet, *Le Chameau*, I, 780-782.

8. Schmidt-Nielsen, "Animals and Arid Conditions," p. 380.

9. Schmidt-Nielsen, "Animals and Arid Conditions," p. 377; "Urea Excretion in the Camel," *The American Journal of Physiology*, 188(1957), pp. 477-484.

10. Thomas Stauffer, "The Dynamics of Middle Eastern Nomadism: Traditional Pastoralism and Schultzian Rationality"（未发表）。

11. Stauffer, "The Dynamics of Middle Eastern Nomadism," pp.1, 22-23; Louise E. Sweet, "Camel Raiding of North Arabian Bedouin: A Mechanism of Ecological Adaptation," *American Anthropologist*, 67(1965), pp. 1132-1150.

12. Helen Gibson, "40-Day Walk to the Camel Market," *International Herald Tribune*, November 25, 1971.

文献综述

　　本书覆盖的地理和时间跨度都很大，如开头所述，在任何特定的领域都不试图做到彻底或一锤定音。因范围太广，注释中文献极长，不过，大多数著作只为本书的讨论贡献了很小的信息碎片。因此，简单地汇总这些文献会对想在骆驼史领域进一步探索的人造成很大误导。这里换一个办法，在多个领域挑选一些特定的著作，从中要么能找到关于骆驼的或多或少比较集中的信息，要么能获得某一主题的通论介绍。

　　先说专论骆驼的文献。关于骆驼的书已经很多，大多数极难寻找，即便找到了，通常也不能为解决历史问题提供太多启发。通常取决于作者在兽医学方面的职业经验或在殖民地的军事经验，这些书中关于骆驼的历史信息通常是零碎、分散、不加鉴别的。没有对骆驼动物学特性的深刻理解，就不应该开启任何特定背景下的骆驼研究，但除此之外，历史学家从关于骆驼的通论性作品中常常收获甚微。

　　这类文献中，视角和知识最宽广的是法属北非骆驼军团司令考维特，他的《骆驼》（*Le Chameau,* Paris: J. B. Baillière, 1925-

1926, 2 vols.）极难寻觅，但在骆驼知识的几乎每个方面都是信息富矿。他取材广泛，不加鉴别地收集和组织信息。许多主题上未能充分论证的诸多强硬观点，有损考维这部作品的权威性，但它征引的文献十分广泛，因而是极好的资料。居拉松（G. G. Curasson）的《骆驼及其疾病》（*Le Chameau et ses maladies,* Paris: Vigot, 1947），同为法文著述，也许是最有用的兽医学作品，但在其他方面上价值有限。

最有价值的通论性英文作品是里斯的《论单峰驼的健康与疾病》（*A Treatise on the One Humped Camel in Health and Disease,* Stamford, Eng.: Haynes and Son, 1927），不过该书无法媲美考维特的。里斯是英军的骆驼兽医，其写作基于大量经验。该书只有一小部分能引起普遍的兴趣，其余都聚焦于兽医学。里斯也是二战前英国的帝国法西斯联盟（Imperial Fascist League）的创立者，他写过一部有趣的小回忆录，题为《不合拍：一个反犹骆驼医生的双重人生》（*Out of Step, Events in the Two Lives of an Anti-Jewish Camel-Doctor,* Guildford: A. S. Leese, 1951）。

与里斯书很相似的是克劳斯（H. E. Cross）《骆驼及其疾病》（*The Camel and Its Diseases,* London: Baillière, Tindall and Cox, 1917）。克劳斯还记录了印度种驼场的管理。另一位英国官员阿瑟·格林·伦纳德写了《骆驼的使用与管理》（*The Camel: Its Uses and Management,* London: Longmans, Green, 1894）。与前两

书不同，该书出自运输官员而非兽医的视角。伦纳德的经历是在埃及和苏丹，但也有一点儿南非的信息。

另有一书一文完全无关军事，既可读又有丰富信息，然而并非一手经验。一本是乔治·帕金斯·马什的《骆驼的组织、习性与使用》（*The Camel: His Organization, Habits, and Uses,* Boston: Gould and Lincoln, 1856），作者是佛蒙特州参议员、驻意大利大使，同时也是一位知名学者。尽管马什对美国的骆驼进口试验感兴趣，此书主要是一本关于骆驼的通论性专著。莱格（Mirèio Legge）的文章《阿拉伯和巴克特里亚骆驼》（"The Arabian and the Bactrian Camel," *Journal of the Manchester Geographical Society*, 46, 1935-1936, pp. 21-48）。虽然简短，却是论及双峰驼的少数通论性作品之一。

意大利文的两部杰出作品，一是德劳安蒂（Ivo Droandi）的《骆驼》（*Il Camello*, Florence: Istituto Agricolo Coloniale Italiano, 1936），一是维塔莱的《骆驼与骆驼军团》（*Il Cammello ed I Reparti Cammellati,* Rome: Sindicato Italiano Arti Grafiche, 1928）。前者是一名兽医写的，覆盖范围很广，远超前述任何一部兽医学作品。后者是意大利骆驼军团的一名军官写的，包含对现代骆驼军团如何运转、骆驼如何应用于军事的最详尽记录。

在宽泛的动物驯化史领域，一般性导论见于佐伊纳的《驯化动物史》（*A History of Domesticated Animals,* New York: Harper and Row, 1963）。多种方法论可在乌科（P. J. Ucko）、蒂姆布莱比（G. W. Dimbleby）编的《植物与动物的驯化与利用》（*The Domestication and Exploitation of Plants and Animals,* London: Gerald Duckworth, 1969）中查考。

关于骆驼的早期驯化这一特定问题，瓦尔茨（Reinhard Walz）的两篇文章很关键，分别是《旧大陆骆驼驯化的时间点问题》（"Zum Problem des Zeitpunkts der Domestikation der altweltlichen Cameliden," *Zeitschrift der deutschen morgenländischen Gesellschaft,* new series, 26, 1951, pp. 29-51），和《旧大陆骆驼驯化的新考察》（"Neue Untersuchungen zum Domestikationsproblem der altweltlichen Cameliden," 同刊 new series, 29, 1954, pp. 45-87）。瓦尔茨是一位东方学家，大体上赞同、支持阿尔布莱特的立论。同样有趣的是米克塞尔（M. Mikesell）的《论单峰驼扩散》（"Notes on the Dispersal of the Dromedary," *Southwestern Journal of Anthropology*, 11, 1955, pp. 231-245）和《骆驼的到来》（"The Coming of the Camel," chapter 4 of R. J. Forbes, *Studies in Ancient Technology,* Leiden: Brill, 1965, vol. 2）。前者反映了地理学家的兴趣，后者反映了科技史家的兴趣。两者都更多是信息的汇编而非观点的表达。

骆驼驯化史讨论中，地理上一些区域讨论得比其他区域多。就北非来说，最值得注意的是德莫格特的《骆驼与罗马

北　非》（"Le Chameau et l'Afrique du Nord romaine," *Annales: Économies, Sociétés, Civilisations*, 15, 1960, pp. 209-247）。该文尽管聚焦于罗马时期，但更新了区域骆驼驯化的一系列前沿论点。关于撒哈拉岩画这一特定主题，最好的介绍是洛特的《撒哈拉岩壁绘画和雕刻中的马与骆驼》（"Le Cheval et le chameau dans les peintures et gravures rupestres du Sahara," *Bulletin de l'Institut Fondamental d'Afrique Noire*, 15, 1953, pp. 1138-1228）。不过，关于撒哈拉岩画的文献很多，洛特的说法不必视为不易之论。

　　论及古埃及骆驼（或古埃及缺少骆驼）的许多文章中，可选弗里（Joseph P. Free）的《亚伯拉罕的骆驼》（"Abraham's Camels," *Journal of Near Eastern Studies*, 3, 1944, pp. 187-193），该文广泛搜集了相关证据。文章充满了弗里深信不疑的观点，即古埃及的确存在骆驼。

　　前述瓦尔茨的文章或多或少涉及中东的中央区域。戈德（P. K. Gode）的《公元前 500 年—公元 800 年印度骆驼史札记》（"Notes on the History of the Camel in India between B. C. 500 and A. D. 800," *Janus*, 47, 1958, 133-138）相当粗糙地研究了印度的情况，薛爱华（Edward H. Schafer）的《直到蒙元王朝的中国骆驼》（"The Camel in China down to the Mongol Dynasty," *Sinologica*, 2, 1950, pp. 165-194, 263-290）明显更好地研究了中国，虽然主要是文献视角。

　　莫诺德的《骆驼鞍具札记》（"Notes sur le Harnachement

chamelier," *Bulletin de l'Institut Fondamental d'Afrique Noire*, series B, 29, 1967, pp. 234-306）在研究骆驼鞍具这个艰深主题上做得最好；关于骆驼鞍具在历史上的影响，还应阅读多斯塔尔的《贝都因生活的演进》（"The Evolution of Bedouin Life," *L'Antica Società Beduina*, ed. F. Gabrieli, Rome: Centro di studi semitici, Istituto di studi orientali, Università, 1959, pp. 11-34）。

不像骆驼鞍具，挽具是学界数十年间一直感兴趣的主题。至今仍有价值的开山之作是理查德·勒费弗尔·德·努埃特的《古往今来的动物牵引力》（*La Force motrice animale à travers les âges,* Paris: Berger-Levrault, 1924）。对他的作品有价值的更新和再思考见于李约瑟、王玲的《中国科学技术史》（*Science and Civilisation in China,* Cambridge, Eng.: Cambridge University Press, 1965, IV, part II, pp. 243-253, 303-328）。迄今骆驼挽具似乎还从未成为专门的研究对象。

专门研究现代养驼社会的文献，其参考价值因区域而异，但就所研究社会的畜牧经济而言，关注程度的差异则更为显著。典范之作是尼古拉森的《畜牧的图阿雷格人的生态和文化》（*Ecology and Culture of the Pastoral Tuareg,* Copenhagen: The National Museum of Copenhagen, 1963）。他相当仔细地讨论尼日尔和阿尔及利亚南部图阿雷格人的饲养实践和整个畜牧经济，让读者搞清楚散落在与撒哈拉有关的大量文献中的零散信息。

该书显然是推进这个领域的起点。

令人遗憾的是，并无相应的作品研究重要的索马里养驼社会。刘易斯（I. W. Lewis）的两本书《非洲之角诸人群》（*Peoples of the Horn of Africa,* London: International African Institute, 1955）和《一种畜牧民主》（*A Pastoral Democracy,* London: Oxford University Press, 1961）为所有有关索马里的话题提供了极好的指引，但似乎并未详细讨论其养驼实践。

关于阿拉伯贝都因人也有大量文献，从中可以获得阿拉伯骆驼文化的详细图景，比起从撒哈拉文献中获得要稍容易一些。但没有详尽描述的单一作品，这留下了基于从广阔的、可能有巨大差异的地理区域中获取的信息构建整体图景的问题。特别有价值的是穆西尔（Alois Musil）的作品，特别是他的《鲁瓦拉贝都因人的风俗》（*Manners and Customs of the Rwala Bedouins,* New York: American Geographical Society, 1928），迪克森（H. R. P. Dickson）的《沙漠的阿拉伯人》（*The Arab of the Desert,* London: Allen and Unwin, 1949），以及塞西格《阿拉伯之沙》（*Arabain Sands,* London: Longmans, Green, 1959）。第一本是关于约旦和阿拉伯半岛北部的一个部落，第二本是关于科威特的阿拉伯人，第三本是关于半岛南端鲁卜哈利沙漠（Rubᶜ al-Khali，意为"空旷的四分之一"）南北边界上的诸部落。关于贝都因阿拉伯人的早期作品中最有价值的是约翰·刘易斯·布克哈特的《贝都因人和瓦哈比派札记》（*Notes on Bedouins and Wahhabis,* London: Henry Colburn and Richard Bentley, 1830）。英国海军部作战参谋部情报局出版的两卷本《阿拉伯半岛手册》（*A Handbook of Arabia*）大量汇集了有关若干特定部落及其经济的有用信息。一项对叙利亚沙漠边缘商队贸易的独特研究是格兰特（C. P. Grant）的《叙利亚沙漠》（*The Syrian Desert,* London: A. & C. Black, 1937）。

关于穆罕默德时代的阿拉伯人，已经有相当多的作品问世，但对那个时代贝都因人生活的杰出的整体描述，仍是拉蒙斯（Henri Lammens）的《伊斯兰的摇篮》（*Le Berceau de l'Islam,* Rome: Pontificii Instituti Biblici, 1914）。冯·哈默－普尔格斯塔勒（Josef Freiherr von Hammer-Purgstall）的《骆驼》（*Das Kamel,* Denkschriften der kaiserlichen Akademie der Wissenschaften, Philosophisch-historische Classe, 6, Vienna, 1855）详尽汇集了古典阿拉伯文献中与骆驼相关的术语，与其说是有用的参考工具，不如说是新奇的事物。

古典阿拉伯文文献很少直接论及养驼，不过早期阿拉伯文诗歌中经常提到骆驼，这导致了语文学作品中对骆驼术语的一些讨论。关于骆驼最好的中世纪阿拉伯文史料是阿尔－贾希兹的七卷本《动物书》（*Kitāb al-Ḥayawān,* ed. ʿAbd as-Sallā, Muhammad Hārūn, Cairo: Mustafā al-Bābī al-Halabī, 1938-1945）。

关于骆驼的信息广泛散落于这部作品的各处，但此处引用的这个版本有很好的物种索引。一本并不广博、信息量较小但有英文译本的动物材料汇编，是两卷本《动物学词典》(*Ḥayāt al-Ḥayawān, A Zoological Lexicon,* tr. A. S. G. Jayakar, London: Luzac, 1906)。这本书按不同动物名收集信息，索引确定了以阿拉伯文术语表示的物种。

有关中亚骆驼文化的作品出人意料地少，但鲁保罗的文章《中亚的骆驼》("Le Chameau en Asie Centrale," *Central Asiatic Journal*, 5, 1959-1960, pp. 35-76)整体上很棒。该文聚焦于中亚突厥社会历史和世界观中骆驼的位置。一份更晚近的一手记录见于科尔帕科夫的两篇文章《关于骆驼杂交》("Über Kamelkreuzungen," *Berliner tierärztliche Wochenschrift*, 51, 1935, pp. 617-622)和《土库曼骆驼》("Das turkmenische Kamel (Arwana)," *Berliner tierärztliche Wochenschrift*, 51, 1935, pp. 507-573)。

与撒哈拉和阿拉伯半岛一样，就中亚而言，从旅行文学中可以获得很多信息，但信息分散得很广，很难汇集起来形成整体的观察。在旅行领域与骆驼相关的杰作是拉铁摩尔(Owen Lattimore)的《从塞北到西域：重走沙漠古道》(*The Desert Road to Turkestan,* London: Methuen, 1928)，以及《蒙古游记》(*Mongol Journeys,* New York: Doubleday, Doran, 1941)。前者很好地展现了中国商队使用骆驼的流程，后者同样好地展现了蒙古养驼人稍稍不同的做法。一些中亚的游记讨论了戈壁和罗布泊地区野骆驼的问题。也有大量文献专门处理野骆驼。这包括班尼科夫（A. G. Bannikov）的《蒙古野马和骆驼（普氏野马和双峰驼）的地理分布和生物学》（"Distribution géographique et biologie du cheval sauvage et du chameau de Mongolie (*Equus Przewalski* et *Camelus Bactrianus*)," *Mammalia*, 22, 1958, pp. 152-160）、利特代尔（G. Littledale）的《关于罗布泊野骆驼的田野札记》（"Fieldnotes on the Wild Camels of Lob-Nor," *Proceedings of the Zoological Society*, 66, London, 1894, pp. 446-448）以及伊沃尔·蒙塔古（Ivor Montagu）的《野骆驼的彩色胶片拍摄》（"Colour-Film Shots of the Wild Camel," *Proceedings of the Zoological Society*, 129, London, 1957, pp. 592-595）。

最后，19 世纪动物适应全球不同区域这一主题在圣伊莱尔的《有用动物的适应和驯化》（*Acclimatation et domestication des animaux utiles,* Paris: Librairie Agricole de la Maison Rustique, 1861）中得到了很好的介绍。关于美国骆驼使用的文献指南，参见格林里的《骆驼在美国》（"Camels in America," *The Papers of the Bibliographical Society of America*, 46, 1952, pp. 359-372）。人们想知道的关于澳大利亚骆驼的重要信息，见于麦克奈特的《骆驼在澳大利亚》（*The Camel in Australia*, Melbourne: Melbourne University Press, 1969）。

索 引

（以下页码均为原书页码，即本书边码）

译者分工

第一、二章　　于子轩 译

第三章　　　　孙小敏 译

第四章　　　　王　敬 译

第五章　　　　岑宇凡 译

第六章　　　　刘文婧 译

第七章　　　　李东辉 译

第八章　　　　梁　硕 译

第九、十章　　戴　沏 译